AF347119

LE
NOUVEAU GUIDE
DU
FERMIER.

LE NOUVEAU GUIDE DU FERMIER.

Par Léocale DELPIERRE, Cultivateur.

Au Maître des Saisons adresse donc tes vœux !
Mais l'art du laboureur peut tout après les Dieux.

Virg. Géorg. Tr. de Delille.

Nouvelle édition, corrigée.

DE L'IMPRIMERIE DE P. N. ROUGERON.

A PARIS,

CHEZ { DEBRAY, Libraire, rue Saint-Nicaise, n.º 1.
FANTIN, Libraire, quai des Augustins, n.º 55.

1814.

PRÉFACE.

Depuis quelques années il a paru beaucoup de livres sur l'Agriculture ; pourquoi, dira-t-on, en publier encore ? Voici ma réponse ; j'ai cru, comme tous les auteurs en pareille circonstance, qu'il y avoit, sur le sujet que j'ai traité, des choses nouvelles à dire, ou au moins à présenter sous une perspective plus avantageuse. Puissé-je avoir bien vu ! puissé-je, d'après mon expérience sur la culture des champs, avoir donné des conseils utiles à plusieurs de mes concitoyens.

LE
NOUVEAU GUIDE
DU FERMIER.

CHAPITRE PREMIER.

De l'Agriculture.

L'histoire de l'Agriculture seroit une lecture fort intéressante pour les personnes qui aiment les travaux de la campagne ; mais la naissance et les premiers progrès de cet art sont inconnus, et les auteurs anciens, qui nous en ont laissé des Traités, nous le présentent dans un état de perfection qui lui suppose déjà bien des siècles d'existence.

Les débris des monumens anciens trouvés en Egypte font présumer que les Egyptiens ont eu la gloire de former les premières nations civilisées. Les restes de leurs lacs et réservoirs, et de tous les travaux dont ils se sont occupés pour leur gloire, ou pour rendre leur pays en état d'alimenter une grande population, prouvent qu'ils sont parvenus à un degré d'industrie qui doit singulièrement émerveiller les nations modernes.

Mais si c'étoit vraiment à l'Egypte qu'appartînt la gloire d'avoir donné le premier développement à l'ordre social, il en seroit sans doute de même à l'égard de l'agriculture qui en est le soutien.

C'est à l'imitation des Egyptiens que les Grecs, dont l'imagination savoit unir à leur religion tout ce qui les intéressoit, ont créé des divinités pour chaque partie de l'agriculture. Cérès, déesse des moissons, leur avoit appris l'art de semer les blés; Bacchus, celui de cultiver la vigne; Triptolème, celui de diriger la charrue; Sterculus, chez les Romains, fut le dieu des engrais, dont il avoit montré l'influence sur la fécondité des terres ; Numa fut aussi mis au nombre des dieux, pour avoir appris l'art de réduire en gruaux le grain des plantes céréales, et tous ces êtres, si célèbres dans la Fable, ne furent vraisemblablement que des citoyens déifiés par la reconnoissance publique.

Nous n'avons pas plus d'indices

sur l'origine des premiers instrumens aratoires, que sur les premières opérations manuelles de l'a-
griculture : l'histoire nous apprend
seulement que les Romains, vers
les derniers temps de la république,
firent usage de la charrue à roues,
qu'ils tirèrent de la Gaule Cisalpine ;
mais sans nous dire si les habitans
de ce pays l'inventèrent, ou s'ils ne
furent que les imitateurs d'autres
nations.

> » De huit pieds en avant que le timon
> s'étende,
> » Sur deux arbres roulans que la main les
> suspende.

DELILLE, Trad. de Virg.

Les anciens ont gardé le silence
sur l'origine et les premiers progrès
de l'agriculture. Elle étoit pourtant
un des premiers objets de leur vénération ; et il est probable que c'est

principalement à cet amour pour le séjour de la campagne et les travaux des champs qu'ils durent la pureté de leurs mœurs, l'union des citoyens, l'équité des lois, et par conséquent la liberté publique. Le corps social entier honoroit l'agriculture, et les premiers magistrats ne trouvoient pas indigne d'eux d'en faire l'objet de leurs soins. Dans sa retraite à Scillonte, Xénophon l'enseigna publiquement : les rois Hyéron, Philométor, le jeune Cyrus et beaucoup d'autres princes s'en sont également occupés. Yo, empereur de la Chine, composa un Traité d'agriculture, et les souverains de ce vaste empire ont, de tous temps, cultivé la terre dans des fêtes annuelles, pour démontrer à leurs

ministres et à leurs sujets que l'agriculture est la plus noble et la première profession de l'Etat. Les Romains, malgré leur amour pour la
guerre, n'eurent pas moins de considération pour elle. Le plus grand
éloge, dit Caton, qu'on puisse faire
d'un honnête homme, c'est de l'ap-
peler bon laboureur. Les tribus de
la campagne renfermoient à peu près
tous les gens de bien, et jamais, sous
la république, celles de la ville ne
jouirent de la même estime. Les premières maisons de Rome, les Lentu-
lus, les Fabius, etc. tiroient leurs noms
des légumes dont leurs ancêtres
avoient enseigné la culture; et dans
cette fameuse république qui se ren-
dit bientôt l'arbitre du monde, souvent les premiers magistrats et les

chefs des armées étoient tirés du sein des travaux champêtres (*). Cela étoit si général, qu'il y avoit même des messagers particuliers, nommés *viateurs*, pour aller chercher dans les champs ceux que le Sénat destinoit à commander les armées. L'ouvrage de Magon, sur l'agriculture, fut un des monumens de Carthage vaincue qui parut intéresser le plus les Romains, et les sénateurs prirent soin de le faire traduire. La république ne tarda pas à produire elle-même de bons

----

(*) Les États-Unis nous ont offert des faits semblables. Wasington quitta la charrue pour commander les armées auxquelles l'Amérique Septentrionale doit sa liberté. Retourné au sein des travaux champêtres, le congrès l'obligea de prendre les rênes du gouvernement.

auteurs. Caton, Varron, Columelle, Virgile, Pline ont publié d'excellens principes d'agronomie, dont la pratique, exécutée par les premiers citoyens, faisoit produire à cette campagne de Rome, insuffisante naguère pour une foible population monacale, des récoltes qui nourrissoient une pépinière toujours croissante de républicains ; mais cet ordre de choses ne dura pas : les subsistances étrangères que les brillantes conquêtes de la république introduisirent dans Rome, et les immenses richesses que ces conquêtes procurèrent aux vainqueurs, firent transformer en palais et en jardins d'agrément une partie du territoire de l'Italie, ou il fut abandonné aux soins des esclaves et des mercenaires. La corruption des mœurs et la

décadence de l'Empire suivirent de
près ce changement : Aurélien, Théo-
dose, etc. voulurent redonner aux
travaux champêtres de la vie et de
la considération ; mais les habitudes
étoient changées, et les vrais principes de l'agriculture oubliés auroient exigé, pour reprendre faveur,
tout le zèle des citoyens qui n'exis-
toient plus.

En vain s'étoit-il conservé quelques pratiques raisonnables dans les
provinces de l'Empire. Les Barbares
qui succédèrent aux Romains ache-
vèrent bientôt la ruine de l'agriculture, et leurs préjugés, la bizarre-
rie de leurs lois, les droits féodaux,
la chasse, l'usage du parcours trans-
formèrent en déserts les campagnes
les plus fertiles.

Cependant, après des siècles d'a-

narchie et de brigandages , les souverains sentirent la nécessité d'ac-
corder des droits communaux pour
affranchir les peuples du joug de la
féodalité , et s'en faire un appui contre la rebellion journalière des sei-
gneurs. Rendus à la liberté , les
peuples redevinrent plus actifs ; ils
recherchèrent avec soin les vestiges
de la culture des anciens , et heu-
reusement ils en retrouvèrent encore
dans quelques communautés où les
moines , profitant de la protection
de l'Eglise pour obtenir quelques
domaines répandus çà et là dans de
vastes friches , avoient su tirer parti
de leur industrie pour enrichir leurs
monastères.

Dans ce nouvel ordre de choses ,
la Flandre fut la première à se
distinguer, et depuis elle a toujours
conservé

conservé la supériorité. L'on prétend que c'est un nommé Hartlib,
réfugié polonais, qui, des Pays-
Bas où il s'étoit instruit, ayant passé
en Angleterre, y jeta les premiers
fondemens des bons principes d'a-
gronomie qu'on y pratique aujour-
d'hui.

La France avoit un territoire trop
étendu, des lois et des mœurs encore trop dissemblables, pour que
l'exemple de la Flandre y fût imité
généralement ; mais un peu plus
tard les écrits d'Olivier de Serres,
le règne de Henri IV, le ministère
de Sully et la découverte de l'Amérique, dont les colonies ont pro-
curé un débouché favorable à toutes
les productions de l'Europe, ont fait
faire à l'agriculture, en France, des
progrès très-rapides.

*

L'établissement des douanes entre chaque province , inventé ou renouvelé sous le règne de Louis XIV pour augmenter la masse des impositions , et la prohibition en 1702 , 1703 et sous la régence du duc d'Orléans , du commerce des grains , ont été de nouveaux obstacles pour l'agriculture. En 1754, les écrits des économistes portèrent les ministres de Louis XV à le déterminer à rompre enfin toutes ces barrières impolitiques ; alors l'agriculture, ainsi que les autres branches du commerce , a repris une nouvelle vigueur, et la France s'est trouvée dans une sorte d'opulence bien remarquable; circonstance qui auroit pu offrir à des monarques plus fermes et moins faciles que Louis XV et Louis XVI, les moyens d'entreprendre avec succès , et en

satisfaisant toutes les classes de citoyens , une réforme nécessaire dans
la constitution de l'Etat , et l'amor-
tissement d'une énorme quantité de
dettes contractées en dépit de tout
principe raisonné , et qui ont causé
la ruine totale de la dynastie des
Capétiens , et d'un grand nombre
des premières familles du royaume.

Si ce n'est en Toscane , principalement sous le règne de Léopold ,
et dans quelques autres petits cantons , l'Italie n'a pas obtenu , en
agriculture , le même succès que les
autres parties de l'Europe. L'Espa-
gne n'a offert non plus que l'éducation des mérinos ; objet important
à la vérité , mais si mal adminis-
tré , les propriétaires ayant laissé ,
pour la nourriture de leurs troupeaux, la plus grande partie de leurs

domaines en vaines prairies ou plutôt
en jachères perpétuelles, si mal admi-
nistré, dis-je, qu'il a plutôt contribué à la ruine qu'à la prospérité du
territoire. Il n'en est pas ainsi de
l'Allemagne qui présente généralement une culture soignée. L'on en
peut dire autant de la Suisse; et la
Suède, ainsi que le Danemarck, malgré la rigueur de leur climat, offre
des campagnes très-bien cultivées.
La Russie même semble ne point
vouloir rester en arrière; et si plusieurs de ses vastes provinces sont
encore abandonnées à des serfs demi-
sauvages, le gouvernement fait tous
ses efforts pour y remédier, et la
culture du lin, du chanvre et des
céréales, pratiquée avec soin sur les
bords du Volga et de la Kama; la
richesse du territoire de l'Ukraine

qui commence à se peupler , font
présager qu'un jour la Mer Noire et
la Baltique pourront recevoir beaucoup d'objets d'exportation , et principalement des toiles , qui trouveront toujours un débit avantageux
dans les pays méridionaux des Deux-
Mondes.

Quoi qu'il en soit , l'agriculture
de tous les pays de l'Europe , si ce
n'est dans quelques communes particulières , en Flandre et dans un
petit nombre de comtés de la Grande
Bretagne , est encore susceptible
d'une amélioration considérable que
des cultivateurs philosophes peuvent seuls apprécier. Les sociétés
d'agriculture qui se sont formées
dans les départemens , et les propriétaires instruits qui ont fait valoir

leurs domaines depuis la révolu-
tion, ont répandu beaucoup de lumières, et commencé d'heureuses
innovations qui se propagent tous
les jours avec de nouveaux succès.

L'agriculture de l'Europe n'a
plus malheureusement une perspective aussi brillante que dans le siècle dernier, et elle a besoin, plus
qu'aucune branche de l'administration civile, des soins paternels d'un
gouvernement éclairé comme le nôtre, et le secours d'une marine res-
pectable et marchande qui puisse
parcourir le globe, afin d'y trouver
le débit des denrées nationales dans
des échanges avantageux. L'agran-
dissement que prend journellement
le Nouveau Monde, dont les productions peuvent être si variées,

porte à croire que les Américains
seront bientôt pour nous des con-
currens avec lesquels il sera difficile de conserver la supériorité.

———————

CHAPITRE II.

Du Cultivateur.

L'ÉTAT du cultivateur, comme le dit Cicéron, est le plus approprié à la dignité de l'homme, et celui qui le conduit le plus sûrement au bonheur. Les Européens, imbus des préjugés des peuples du Nord, qui jadis les ont subjugués, ont méconnu long-temps cette vérité ; il a fallu de grandes calamités pour la leur rendre sensible, en obligeant beaucoup de propriétaires à faire valoir leurs domaines. Dans le rétablissement de l'ordre social qui s'exécute depuis quelques années, peut-être est-ce encore un malheur, pour les mœurs publiques et les progrès de l'agriculture, qu'on veuille de nouveau s'éloigner des champs pour courir, dans les villes, après de vains plaisirs, une fortune chimérique, une gloire souvent fausse, et que d'ailleurs un très-petit nombre de personnes peuvent acquérir.

» Ah! loin des fiers combats, loin d'un luxe
      imposteur !
» Heureux l'homme des champs, s'il connoît
      son bonheur !

. . . .

» Auprès de ses égaux passant sa douce vie,
» Son cœur n'est attristé de pitié ni d'envie.

. . . .

» *Son* champ nourrit l'Etat, ses enfans, ses
      troupeaux,
» Et ses bœufs compagnons de ses heureux
      travaux.

. . . .

» Sa richesse, c'est l'or des moissons qu'il
      fait naître,
» Et l'arbre qu'il planta chauffe et nourrit
      son maître.

VIRG. GÉORG. Tr. de Delille.

Dans la petite culture , les cultivateurs se rapprochent de la classe
des artisans et même des manou-
vriers ; mais , dans les grandes exploitations , ce sont des espèces de
manufacturiers , occupés à ordonner
et à surveiller les importans travaux
de leur ferme. Cet état , qui exige
une grande avance de capitaux ,
ne peut être entrepris que par un
homme de bien , et devroit toujours
être honoré. Malheureusement il est
peu de cultivateurs qui aient reçu
une éducation convenable , et ce
vice , en les privant des connoissances nécessaires à leur état , en les
portant , faute de savoir employer
leurs loisirs , à la débauche , au jeu
et à l'ivrognerie , n'a pas peu contribué à les faire regarder avec une
sorte de mépris que l'agriculture a

long-temps partagé , et qui en a par conséquent retardé les progrès.

Un objet essentiel pour le cultivateur , c'est donc de soigner son instruction. L'on regarde comme supérieure l'agriculture de quelques nations étrangères ; cela ne tient qu'aux lumières des personnes qui l'exercent , et jamais nous ne tirerons parti de toute la richesse de notre territoire , tant que nous n'aurons pas aussi une masse imposante de citoyens éclairés qui professeront l'agriculture et serviront d'exemple. Pourquoi celle de l'Amérique fait - elle de si grands progrès ? c'est qu'elle est dirigée par les premiers citoyens, qui s'y appliquent d'autant plus qu'elle leur donne de la considération.

L'étude des lois et des régle-

mens qui concernent les biens ru-
raux, et celle de la géométrie, doivent particulièrement intéresser le
cultivateur. La botanique est encore
pour lui une étude très-convenable.
Je voudrois qu'il connût au moins
toutes les plantes qu'on peut cultiver
ou qui croissent spontanément dans
son pays : leur variété offre un heureux choix pour tenir toujours les
terres en rapport, et celles qui croissent naturellement, qui salissent ou
infectent les récoltes, demandent
aussi une attention particulière ; car
elles nuisent non seulement aux
choses cultivées parmi lesquelles
elles se trouvent, mais encore, comme nous le verrons par la suite, plus
ou moins aux récoltes subséquentes,
suivant le rapport qu'elles ont avec
elles. Un peu d'anatomie ne seroit

pas

pas inutile au cultivateur ; par ce moyen il connoîtroit mieux les causes des maladies des animaux.

Il doit être matinal ; s'assurer par lui-même de l'exécution de tout ce qu'il ordonne, et changer ses momens de surveillance, afin de n'être jamais prévenu ; épier les beaux jours et profiter, pour les labours, les semis et les récoltes, de tous les instans favorables ; veiller au battage des grains avec la plus grande exactitude, tenir ses granges et ses greniers bien fermés pour que les domestiques n'y puissent rien gaspiller ; enfin s'instruire du cours de tous les objets de la culture pour vendre à propos ; avoir des registres pour les recettes et les dépenses, afin de se rendre compte de tout, et de voir, assez à temps pour y remédier, les vices qui pourroient s'introduire dans son administration.

Il doit, par le moyen des engrais et des amendemens, savoir porter ses terres à leur maximum de rapport; autrement elles produiroient un quart ou moitié de moins, sans que les frais pour les exploiter puissent diminuer dans les mêmes proportions. J'ai connu un fermier qui, après avoir fait honneur à ses affaires pendant une vingtaine d'années, finit ensuite par se ruiner. Il tenoit de ses pères une petite ferme, et c'est en la cultivant qu'il s'est trouvé dans un état prospère, malgré dix enfans qu'il avoit d'un second mariage et trois du premier. Il voulut ensuite louer une grosse ferme et vendit la sienne pour la faire valoir; ses fonds n'étant pas suffisans, il économisa sur

le nombre de bestiaux , et par conséquent sur les engrais. Les premières années , au lieu de récolter
par arpent neuf à dix septiers de
blé , ancienne mesure de Paris ,
comme cela devoit être dans le riche
domaine dont le bail l'avoit flatté ,
il en eut deux de moins. Pour couvrir ce déficit , il vendit une plus
grande quantité de ses pailles ; il
eut donc encore moins d'engrais ; il
épuisa davantage ses terres , et leur
produit diminua encore d'un , deux
ou trois septiers , et bientôt il se
trouva dans l'impossibilité de payer
son propriétaire et ses autres créan-
ciers.

Après les soins du fermier , l'intérieur de la ferme a besoin d'une
ménagère intelligente ; et pour en
donner une idée précise , ainsi que

du bonheur qu'on peut trouver à la campagne, nous ne pourrions mieux faire que de rapporter ici l'histoire d'une bonne fermière, dont la mémoire est encore en vénération dans une de nos meilleures provinces agricoles.

Angélique, c'est ainsi qu'elle se nommoit, avoit reçu dans la capitale une éducation distinguée : elle y épousa un jeune homme dont le père avoit été cultivateur. Le séjour de la ville, ne leur présentant pas une existence heureuse, leur fit penser qu'il étoit plus sage d'aller cultiver la terre comme avoient fait leurs ayeux. Le mari d'Angélique lui proposa de placer ce qu'ils possédoient en commun dans le bail d'une petite ferme, et sachant que l'esprit et la bonne volonté peuvent suppléer à tout , elle se mit avec courage à la tête des détails domestiques de son exploitation.

Elle crut d'abord nécessaire de prendre à son service une fille qui avoit la réputation de bien connoître les soins d'une basse-cour. Cette fille, grande travailleuse à la vérité , fut pourtant loin de remplir les vues d'Angélique : elle avoit servi dans des maisons où les maîtresses , toujours occupées de leurs plaisirs , abandonnent aux seuls soins des domestiques , souvent mal choisis, tous les détails intérieurs. Les vaches , et autres bêtes qui concernent la ménagère , étoient nourries sans ordre, ni régularité ; les bêtes laitières étoient rarement traites à fond, souvent à des heures différentes , et perdoient par cette raison une partie

de leur lait ; les crêmes se corrom-
poient en séjournant dans des vases
des semaines entières , le beurre
étoit sans qualité ; les fromages ,
dressés dans des moules lavés sans
soin , devenoient ou d'une âcreté
repoussante , ou bientôt la proie des
vers ; et ce qui doit paroître singu-
lier à ceux qui ne connoissent pas
la malpropreté et l'entêtement de
la plupart des paysans , c'est que
maintes personnes, auxquelles Angélique s'adressoit , lui assuroient
que la nature du pays et de ses herbages s'opposeroit toujours à la perfection de tous les produits de sa
laiterie. Enfin , ne pouvant tirer aucune instruction de ce côté , elle eut
recours à la théorie qu'elle joignit à
l'expérience de chaque jour. Mes-
sieurs Deyeux et Parmentier lui

furent d'un grand secours, et bientôt ce qu'elle fabriqua dans sa laiterie eut toutes les qualités désirables.

Les valets de la ferme étoient bien nourris et bien soignés. Etoient-ils exposés dans les champs à de grandes fatigues ou aux injures du temps, c'étoit une chose vraiment touchante que de la voir s'empresser de leur envoyer des secours ! Enfin les malheureux n'étoient pas connus en vain d'Angélique, et sa bonté, la douceur et la régularité de ses mœurs inspiroient pour sa maison un respect extraordinaire. S'il est arrivé quelquefois à de mauvais sujets d'aller lui demander du travail, et d'en obtenir faute d'être connus, ils se sont toujours élevés d'abord au ton de la maison, et lorsqu'ils n'ont pu s'y maintenir, ils ont vu que le meilleur parti pour eux étoit de se retirer avant d'avoir mis leurs penchans à découvert.

Angélique n'étoit pas seulement une bonne fermière ; elle devint mère de deux enfans, et les soins de la portion de la ferme qui la concernoit ne l'empêchèrent pas de diriger leur éducation d'une manière exemplaire. Enfin on eût dit qu'Angélique, qui pourtant étoit l'ame de tant de choses, ne voyoit que par son mari, ne respiroit que pour lui plaire ; et celui-ci, touché d'une amitié si tendre, ne trouvoit son zèle et ses travaux utiles que pour ajouter au bonheur de celle qui savoit si bien faire le charme de sa vie.

CHAPITRE III.

Des Fermes et de leurs dépendances.

ST-IL avantageux que l'agriculture soit dirigée en grand dans des fermes considérables, ou importe-t-il au bonheur public qu'elle le soit en détail par la masse des habitans de la campagne? Cette question, maintes fois agitée, a trouvé, comme beaucoup d'autres objets d'agriculture, les opinions fortement partagées. Les uns ont prétendu que les grandes exploitations étoient très-avantageuses; qu'elles nécessitoient peu de consommation par l'exploitant, et fournissoient, en conséquence , pour les marchés une plus grande quantité de denrées ; que les gros fermiers avoient nécessairement de grands capitaux ; de sorte qu'ils étoient autant négocians que cultivateurs; qu'ils conservoient souvent des magasins de grains , et qu'alors ils mettoient , sans frais , la nation hors de la crainte des disettes, pendant les années dont les récoltes étoient malheureuses. Les autres ont dit : « Les anciens connoissoient peu ces grandes exploitations , et nous sommes loin de voir qu'ils aient eu plus de peine que nous à faire leurs approvisionnemens. Les grandes exploitations rurales ne font des paysans que des mercenaires. Le riche , qui se trouve seul de sa classe , règle les salaires à son gré ; il fait travailler à vil prix ; on envie

son sort; c'est à lui qu'on attribue son
infortune ; on le déteste, on cherche
à le tromper , et bientôt les campagnes ne sont composées que de gens
avilis, de fripons et de maîtres impi-
toyables. Les petites exploitations
offrent un tableau bien différent.
Là , tout le monde est intéressé aux
produits que donne la providence
avec le secours du travail. Dans les
campagnes où cet heureux mode de
culture est établi, les paysans, moins
humiliés , sentent mieux la dignité
de l'homme ; riches en denrées ,
leurs basses-cours remplies d'élèves,
ils se nourrissent mieux que les
mercenaires , ils deviennent donc
plus nerveux , plus robustes ; et le
prince , comme la patrie , peuvent
trouver parmi eux des citoyens ca-
pables de bien défendre l'Etat et de

supporter les fatigues de la guerre.
Au reste est - il vrai que les pays ,
divisés par petites propriétés , four-
nissent moins d'objets pour les villes
que les grandes exploitations? La plupart ne sont-ils pas couverts d'arbres
fruitiers qui servent pour la nourriture de l'homme et des animaux ?
Comme on y fait plus d'élèves , la
multiplication des bestiaux produit
plus d'engrais ; aussi la jachère y
est - elle presque inconnue , et les
terres y sont toujours dans leur
maximum de rapport. Si , dans les
pays où les exploitations agricoles
sont très - divisées , une population
nombreuse y consomme beaucoup ,
les produits s'y élèvent à proportion
de l'industrie et du travail. Parcou-
rez - en les marchés et les foires ,
vous les verrez toujours couverts
de

de bestiaux et de denrées de toute espèce ». Enfin quelles que soient les opinions à cet égard , elles ne changent rien à ce qui existe , et celui qui veut traiter de l'agriculture doit s'y conformer.

Quelle que soit l'étendue des exploitations rurales , les bâtimens qui leur sont nécessaires exigent à peu près le même détail ; la chose essentielle , c'est l'exposition. Les agronomes sont encore peu d'accord sur ce point. L'on ne fait pas assez d'attention , comme le dit Rosier, que chaque pays a son orientement particulier. Ici les orages viennent du midi, là ils viennent de l'ouest ; ici nous avons une vallée, là une montagne ; enfin que de choses peuvent nécessiter des modifications qu'un habile agriculteur saura toujours prévoir.

Il semble donc nécessaire de décrire avant tout la position de la ferme que nous allons supposer. Elle est assez belle, quoiqu'un peu boisée. Aucune montagne ne la domine de près; elle n'a dans son voisinage ni marécages, ni eaux croupissantes, et l'air en est salubre. Le nord, comme dans la plupart de nos provinces agricoles, y souffle le vent le plus glacial; l'orient, excepté dans la canicule, y donne un air frais et un ciel pur; le midi plus de chaleur, mais lorsque le vent vient de son côté, il est presque toujours suivi de pluie; l'ouest y est dangereux pour les ouragans, les grandes pluies et les coups de vent; mais une forte élévation qui se trouve de ce côté, dans l'éloignement, a l'avantage de diviser la majeure partie des plus fortes nuées.

Quatre grands corps de bâtimens doivent composer une ferme. 1.º La maison et ses dépendances ; 2.º les écuries et les étables ; 3.º les bergeries ; 4.º les granges. Le dessus des écuries et des bergeries, en supposant de bons planchers bien plafonnés, doit servir de greniers à fourrages.

Nous ne décrirons pas en détail la distribution de la maison ; il suffit d'avoir les données principales. Pour le reste, chacun vondra toujours l'ajuster à son gré ; nous dirons seulement que l'entrée de la ferme doit être à sa gauche ou à sa droite ; que cette maison doit être exposée au midi, ayant ses entrées vers le nord,

et comprendre des caves, tant pour
les racines sujettes aux gelées, que
pour les boissons ordinaires, avec
un petit caveau pour celles de choix
et un autre pour la garde des vian-
des; une cuisine avec un petit office,
un fournil, une laiterie en forme
de cave pour maintenir un peu de
fraîcheur dans l'été, et dans l'hiver
une douce température; une salle à
manger, et un cabinet de maître,
disposé, autant que possible, pour
avoir vue sur tout ce qui peut se
passer dans la ferme, et également
à l'extérieur du côté de l'entrée. Il
peut encore l'avoir sur l'intérieur de
la maison, si l'on a ménagé un ves-
tibule en face de la cuisine, à côté
de laquelle doivent partir deux esca-
liers, l'un pour conduire aux chambres à coucher, et l'autre aux

chambres à grains. Sur le côté de l'occident du corps de ferme, se trouveront les écuries, les étables à vaches et à porcs, avec leurs entrées vers l'orient, exposées au vent frais le matin et à l'ombre l'après-midi, afin que les bestiaux ne soient pas incommodés des grandes chaleurs.

Les granges, une au moins pour les blés, autant pour les avoines et les plantes diverses, seront sur le côté de l'orient; les bergeries sur le côté du nord, ayant par conséquent leurs entrées vers le midi : les bêtes à laine, n'étant renfermées que pendant l'hiver, n'ont rien à redouter de cette exposition.

Il seroit toujours à désirer que les quatre grands corps de bâtimens qui doivent composer une ferme fussent séparés, parce que, dans le cas d'un incendie, on pourroit espérer d'en diminuer les ravages.

Les granges, pavées et voûtées, seroient de la plus grande utilité, d'ailleurs la vermine s'y introduiroit difficilement et les batteurs la détruiroient sans peine. Quant à la dimension des granges, si elles peuvent contenir le tiers de la récolte, nous estimons qu'elles sont suffisantes, attendu, comme nous l'expliquerons en parlant de la rentrée des blés, que les meules ou gerbières peuvent suppléer pour le reste.

Dans l'ancienne Grèce, chaque temple avoit son bois sacré, et il étoit défendu, sous les peines les plus sévères, d'y toucher, à moins que ce ne fût pour les regarnir. Voulez-vous garantir vos fermes des tempêtes et du tonnerre ? ayez de même des plantations de grands arbres, et principalement du côté des vents dangereux ; alors il sera très-rare d'y voir tomber la foudre, parce que l'air qui dirige le tonnerre est attiré par la cime des arbres.

Le chemin, qui de la ferme mène à la voie publique, doit être également garni de plantations élevées et touffues, afin que les bestiaux y puissent trouver de l'ombrage dans les chaleurs de l'été. Une demi-lune ou place carrée, suivant que le permet la position, doit aussi se trouver immédiatement à la sortie de la ferme, soit pour y placer les troupeaux qu'on veut examiner, soit pour y dételer les bêtes de labour ou y déposer provisoirement les équipages.

Des pièces de terre aboutissent-
elles sur des chemins ? elles de-
vroient toujours offrir une bordure
d'arbres à fruits ou propre au charronnage. Rien n'est plus triste que de
voir , dans de très-bonnes provinces
agricoles , le peu de soin qu'on ap-
porte à ces sortes de plantations ,
qui sont d'un grand produit, et qui
peuvent quelquefois augmenter les
biens d'un tiers et plus en moins de
douze à quinze ans.

Doit-on clore les champs ? Il est
des agronomes qui désireroient que
toutes les propriétés fussent fermées
par des haies vives. Cet ordre de
choses est de la plus haute importance dans les lieux où l'on fait des
élèves de bestiaux , parce qu'il facilite la garde des troupeaux. Exécuté , à la rigueur, dans les pays où

l'on s'adonne particulièrement à la culture des céréales , peut - être auroit-il des inconvéniens. Si les propriétés étoient disséminées et d'une petite étendue, les haies comprimeroient trop l'air pour que les grains y pussent obtenir une belle végétation et mûrir, sans s'échauder, c'est-à-dire, sans recevoir des coups de soleil qui font dessécher la plante avant que la partie laiteuse du grain soit transformée en farine. Mais une pièce de terre contient - elle, sous une forme à peu près carrée, deux ou trois hectares ? il est toujours avantageux qu'elle soit enclose, surtout lorsqu'elle est près des forêts, où la dent du gibier est à redouter. Les haies, dans cette supposition, sont assez éloignées pour ne pas comprimer l'air : elles garantissent le champ des mauvais vents, et y maintiennent plus de fraîcheur. Les plaines ainsi parsemées de haies, accompagnées de fossés ou de hautes berges, sont toujours les plus fertiles; elles peuvent d'ailleurs suppléer au vide de nos forêts, et elles sont aussi, comme le dit M. Bosc, un rempart pour la patrie, parce que rien ne s'oppose davantage à la marche des grandes armées.

CHAPITRE IV.

Des Terres.

PLUSIEURS auteurs ont cru pouvoir désigner la qualité des terres en
les divisant par leurs couleurs; mais
c'est une erreur : les couleurs les
plus favorables en apparence en
présentent quelquefois de très-peu
productives. La géologie nous démontre que les véritables espèces de
terres, s'il en est d'entièrement pures, sont par elles-mêmes infertiles. C'est leur mélange qui les rend
propres à la végétation, et alors elles
doivent prendre le nom de l'espèce
qui domine dans leur composition ,
sans égard à la couleur qui, comme

dans toutes les choses colorées, n'est pas toujours due à l'essence majeure.

Les quatre espèces de terre qui jouent le principal rôle dans le phénomène de la végétation, sont l'argile, la calcaire, la silice ou le sable, et le terreau, produit de la décomposition des substances animales et végétales.

Pour qu'une terre puisse devenir très-fertile, il faut qu'elle soit légère, et qu'elle ait en même temps assez de profondeur, de corps et de liaison, pour que la fraîcheur puisse s'y maintenir, tandis que les pores en sont ouverts à l'action de l'air et de la chaleur.

L'argile rend les terres très-compactes et souvent très-humides, parce qu'elle retient trop les eaux. La

La terre où elle domine s'appelle terre forte. Elle est ordinairement propre à la culture du froment.

» Ici la terre est forte, et Cérès la chérit ;
» Ailleurs elle est légère, et Bacchus lui
   » sourit.

Virg. Géorg. Tr. de Delille.

La silice et le sable produisent un effet contraire à l'argile. Ils ne peuvent retenir l'humidité, pas même le terreau, parce que les eaux l'entraînent par leur facile infiltration.

La calcaire, les craies et la marne absorbent les eaux et conservent l'humidité jusqu'à certain point. Si la calcaire est en masse, il arrive quelquefois qu'une légère couche seulement est pénétrée par les eaux, qui, ne pouvant plus passer au delà, sont bientôt absorbées par le soleil.

5

La couleur noire ou brune indi-
que souvent une bonne terre , parce
qu'elle peut tenir cette qualité d'un
mélange abondant de terreau.

Les terres blanches , dont la couleur peut provenir d'un mélange
de calcaire , ne présentent pas le
même avantage ; elles n'absorbent
pas non plus assez les rayons du soleil. Aussi ne s'en trouve-t-il jamais
qui soient précisément de première
qualité.

Les terres rouges contiennent
presque toujours des matières fer-
rugineuses. Elles sont par conséquent ou mauvaises ou médiocres ,
selon la force du mélange. Néanmoins il s'en trouve d'un rouge pâle
qui produisent du froment en abondance. Telles sont une partie de
celles des environs de Louvres , de

Roissy , du Tremblay, département
de Seine et Oise, si connues par les
belles récoltes qu'on y fait de temps
immémorial.

Il n'est point de cantons où l'on ne
donne aux terres de même nature
des noms différens ; or , si l'on ne
séjourne pas dans le même pays , il
est toujours très-difficile de s'enten-
dre , à moins que la dénomination
ne fasse image. C'est ainsi que par
terre franche , on entend celle qui a
du corps et de la liaison , sans être
compacte; terre graveleuse, celle qui
renferme des graviers ; terres creuses , celles qui ont une qualité po-
reuse qui ne peut retenir les engrais
ni soutenir les végétaux , et qui les
laissent même se déchausser lorsqu'il survient de grandes pluies.

Le terreau , quoique non usé ,

n'est favorable aux plantes qu'autant qu'il est exposé à l'action de
l'air pendant quelque temps. La
couche de terre végétale qui en est
composée en partie ne peut donc se
trouver qu'à la surface. Il est très-
facile de la reconnoître , car elle
tranche toujours avec la couche sur
laquelle elle repose. Elle a quelquefois un tiers de mètre et même
beaucoup plus d'épaisseur ; plus souvent un sixième environ. C'est à peu
près ce que réclament les céréales,
presque toutes les plantes herbacées, et même la plupart des arbres ,
quand , au lieu de reposer sur une
craie ou autre mauvais terrain , elle
a pour soutien une terre franche ,
ou seulement une glaise marneuse
ou sablonneuse, dans laquelle les végétaux qui pivotent beaucoup peu-

vent pénétrer et y vivre, par le moyen du terreau qui s'y introduit avec leurs racines.

Il paroît évident qu'excepté le cuscute, le gui, etc. qui s'implantent sur les autres végétaux, aucune graine ne peut se développer que dans la terre végétale qui se compose en partie de destructions d'individus. Mais, diront les personnes qui veulent qu'on définisse tout, comment ont pu se former les premières plantes ? Je répondrai à cette question, que toute cause première est au dessus de notre entendement. Ce qu'on peut seulement assurer, c'est que dans les environs des volcans, et dans plusieurs endroits d'où la mer se retire et où il ne se trouve ni limon ou terre d'alluvion, ni terreau, la surface du sol ne produit

rien d'abord. Il y naît ensuite des li-
chens, des mousses, et enfin, après
des laps de temps assez considérables pour amasser de la terre végétale, des plantes plus vigoureuses :
d'où il doit résulter, contre le senti-
ment de Buffon, que la terre végétale, quoique les eaux en entraînent
beaucoup à la mer, doit toujours
augmenter en épaisseur, puisque
les végétaux, tirant une partie de
leur nourriture de l'atmosphère,
rendent plus à la terre qu'elle ne
leur a donné.

En effet une culture bien ordonnée
améliore le terrein. C'est une vérité
qu'on n'a peut-être pas encore assez
observée. Dites à ces fermiers qui s'occupent de la culture dans les belles
campagnes de la Beauce, de la Brie
et de l'ancienne Isle de France :

abandonnez le système des jachères,
cultivez comme on cultive en Flandre : ils vous répondront que la qualité de leurs terres s'y oppose, que
chaque pays a sa culture particulière,
et ils croiront d'autant plus vous
faire une objection valable que les
terres de la Flandre qui pourroient,
par l'analyse géologique, offrir une
nature analogue aux leurs, poussent,
avec des soins ordinaires, une grande
variété de végétaux. Mais s'ils vouloient se pénétrer qu'une savante
culture, suivie de temps immémorial,
a produit la seule différence remarquable entre leurs terres et celles de
la Flandre, ils en trouveroient une
raison bien palpable sans aller fort
loin. Combien, dans tout pays, les
terreins rapprochés des habitations
de l'homme ont-ils été rendus meil-

leurs par la culture. Quelle différence entre la fertilité des jardins et celle des champs ! Je connois plusieurs lieux jadis en potager et aujourd'hui en plein champ, où cinquante années et plus d'une mauvaise culture n'ont pu détruire totalement l'abondance annuelle de la végétation qu'on est loin de remarquer dans les terreins adjacens, qui ont toujours été abandonnés aux assolemens ordinaires.

C'est le temps, la nécessité, l'intelligence et l'industrie qui produisent et changent tout. On nous représente le territoire de la Chine rempli d'une immense quantité de canaux ou réservoirs, qui permettent d'arroser presque toutes les campagnes, sans quoi la culture du riz, de principale nécessité pour les

Chinois, seroit impraticable. Ne se-
roit-il pas ridicule de dire que c'est
à la nature qu'on doit cet ordre de
choses ? Il prouve seulement que la
Chine a été habitée depuis des siècles infinis, que ses premiers habitans ont adopté le riz pour nourriture, qu'ils se fixèrent primitivement dans les lieux arrosés naturellement par le débordement des ri-
vières, que l'accroissement de la population et des besoins publics les ont
portés à former d'abord des réservoirs d'eau dans les lieux où cela étoit
très-facile, et successivement dans
presque toutes les campagnes, en
surmontant des obstacles qui auroient paru d'une exécution absolument imposible et découragé toute
la nation, à l'époque où elle com-
menca à former des canaux.

Pour obtenir les objets de notre
agriculture, nous avons eu bien moins
de peines. De la terre végétale est notre mobile principal, et la nature, loin
de présenter des obstacles à sa formation, concourt puissamment avec les
travaux de l'homme pour la procurer.
Un moyen fort simple d'augmenter
la profondeur du sol végétal, c'est
d'enfoncer de temps à autre la charrue, de manière à ramener à la surface
un peu de la couche inférieure. Néanmoins il faut observer que cette pratique pourroit être nuisible, si l'on
n'y joignoit pas en même temps des
engrais pour augmenter la masse du
terreau.

La nomenclature des différentes
terres nous porte naturellement à
parler d'une erreur, que plusieurs
personnes qui ont écrit sur l'agricul-

ture peuvent propager parmi les
cultivateurs. Pour connoître, leur
disent-ils, les qualités de vos terres
et les produits qu'elles peuvent donner, examinez quelles sont les plantes qui y végètent spontanément.
Cette observation est très-judicieuse;
mais de ce que diverses plantes ne
se trouveroient pas dans un canton,
il n'en faudroit pas conclure qu'il
ne peut les produire, non plus que
les espèces qui semblent sympathi-
ser avec elles; car souvent, s'il ne les
produit plus, c'est qu'il a usé tous les
principes qui leur étoient favorables,
qu'on ne lui en a pas rendu d'autres,
où qu'une culture trop différente en a
fait perdre les semences. Une forêt,
maintenant garnie de chênes, se sera,
dans quatre cents ans, en supposant
que ce soit la durée de ce bois,

repeuplée successivement par d'autres essences. Dans le pays que j'habi-
te, on y plante beaucoup de bouleaux.
Cette espèce y dure à peine un siècle.
Il y a de ces bois qui ont été plantés
par des personnes encore vivantes,
et pourtant plus d'un tiers déjà
n'existe plus; ils se trouvent rempla-
cés par des chênes, des coudriers,
des marsaults, des charmes, etc. dont
les graines ont été apportées par les
vents et les oiseaux.

Croit-on que les prairies naturelles
soient toujours formées des mêmes
plantes? Non, pas plus que les forêts ne le sont de mêmes essences
de bois. Les botanistes reconnoissent
tous les jours cette vérité. Que de
fois, d'après les auteurs, vont-ils
en vain chercher des plantes dans
les prairies indiquées, tandis qu'ils
les

les trouvent dans d'autres où jadis
elles étoient absolument inconnues.
Mais combien, dira-t-on, une terre
restera-t-elle sans pouvoir produire
avec succès les mêmes choses? A cet
égard, il n'y a encore rien de bien
constaté. Il semble qu'il faille un
laps de temps à peu près semblable
à celui du développement du germe
à la maturité ou à la dernière vieillesse, et par conséquent, si la plante
est annuelle, il faudra au moins un
an, et si elle est bisannuelle, deux
ans; mais on peut choisir une espèce
à côté : c'est ainsi qu'on voit, dans
plusieurs sortes de terre, le poirier
succéder assez bien au pommier,
et l'avoine au blé.

CHAPITRE V.

Des Amendemens et des Engrais.

L'on n'examine jamais les effets de la nature, qu'on ne soit émerveillé de l'excellence de son travail. Le temps a-t-il détruit des individus, elle tire aussitôt parti de leur décomposition, pour créer de nouveaux êtres. Elle ne se repose jamais; elle ne veut rien laisser dans l'inaction. Cette vérité, démontrée dans les trois règnes, est sur-tout d'une évidence palpable dans le règne végétal; mais la nature a-t-elle une marche uniforme? Marque-t-elle de la prédilection pour quelques objets ? les fait-elle reparoître en ordre ? les fait-elle naître d'espèces de même nature ? Non ; c'est une sorte de désordre qui produit des merveilles. Un bouleversement sans fin tend à la reproduction, et la forme et l'espèce de chaque chose ne semblent déterminées que par des combinaisons dont le principe nous sera éternellement inconnu, et que par cette raison nous appelons hasard. Ne semble-t-il pas indifférent à la nature que telle ou telle chose prenne naissance ? et n'est-ce pas même encore un des effets étonnans de sa bonté , puisque nous pouvons nous-mêmes la porter à la reproduction des choses qui nous sont le plus nécessaires ?

Nous répandons dans un champ les grains qu'elle a produits , pour

6.

premiers principes de nouveaux
êtres; et pour donner encore à ceux-
ci un dévelopement plus heureux ,
nous pouvons apporter dans le
champ le résidu d'objets décom-
posés, c'est-à-dire , du fumier ou
de l'humus. Les plantes alors pros-
pèrent plus vigoureusement que si
l'aliment de leur végétation avoit
toujours été abandonné au seul
soin de la nature ? voilà l'objet de
l'engrais.

Nous observons que , pour donner plus d'activité à l'humus, nous
avons encore là marne, la chaux, le
plâtre , etc. qui ont la propriété de
le dissoudre promptement , et de le
faire pomper par les plantes avec
plus de facilité; voilà l'objet de l'a-
mendement.

Il faut donc bien distinguer l'amendement de l'engrais. L'engrais est une véritable nourriture, et l'amendement n'est qu'un stimulant, qui ne peut agir qu'autant que l'autre existe.

Nous avons dit au chapitre précédent, que toutes les terres pures étoient infertiles, et qu'en les mélangeant la nature formoit la terre végétale. En imitant son travail, nous amenderions les terres dont la combinaison n'est pas heureuse. C'est ainsi qu'on rend une terre forte plus légère en y mêlant du sable. Mais ce n'est pas là maintenant notre objet; nous ne parlons que des amendemens qui ont la qualité de rendre plus actif l'effet des engrais nécessaires aux terres toutes formées et soumises à une culture bien ordonnée.

6..

Comme amendement, la marne me semble devoir tenir le premier rang. C'est une terre onctueuse et grasse qui fuse comme la chaux, sur-tout lorsqu'elle est un peu calcaire. Elle absorbe beaucoup d'eau, soutire de l'air l'acide carbonique, dissout l'humus, rend les terres fortes plus légères, conserve l'humidité dans les sécheresses de l'été, et dans l'hiver, au contraire, elle rend plus saines les terres compactes et humides, parce qu'elle les tient plus légères et qu'elle permet aux eaux surabondantes, qu'elle ne peut absorber, de s'infiltrer dans les couches inférieures, de suivre les pentes et de gagner le fond des billons, des jangsues et des fossés.

Il se trouve des marnes de différentes couleurs, de bleue, de rouge,

de jaune, qui sont quelquefois pas-
sables ; mais la blanche est la meilleure. Il faut qu'elle ne soit ni fer-
rugineuse, ni saline, et qu'elle renferme peu de magnésie : ces matières
ne sont pas favorables à la végétation. Quelquefois on trouve la marne
presque à la surface de la terre, maintes fois à des profondeurs plus ou
moins grandes, et souvent après une
légère couche de glaise.

Les terres légères sont celles où
la marne offre les plus foibles résultats ; les terres franches et fortes
s'en accommodent très-bien. Pour
les premières, plus la marne est
glaiseuse et grasse, plus elle convient ; pour les autres, on doit la
préférer lorsqu'elle est un peu calcaire. Les terres fortes, marnées,
sont pour l'ordinaire très-producti-
ves en avoine.

Lorsqu'on tire la marne à certaine profondeur, il est avantageux de l'exposer quelque temps à l'action de l'air avant de l'employer, afin qu'elle se charge d'acide carbonique, d'une si grande importance, comme nous l'expliquerons par la suite, dans les phenomènes de la végétation. Répandez - la toujours de préférence sur les terres dans la saison des gelées, et enterrez-la au printemps par le moyen d'un binage ou léger labour. Mais en quelle proportion la marne doit-elle s'employer ? voilà le véritable nœud gordien. Il est certain qu'une grande quantité pourroit être nuisible, parce qu'elle agiroit trop fortement sur l'humus, et malheureusement une mesure générale n'est pas facile à donner. Il y a des terres où vingt mètres cubes par hectare sont suffi-

sans, d'autres où il en faut davantage.
L'on prétend même qu'en Angleterre
il y a des cultivateurs qui en répandent un pouce au moins sur tout le
sol, et qui s'en trouvent bien. Si
vous ne connoissez pas la proportion
qui convient à vos terres, faites des
expériences : mettez-en peu d'abord
et augmentez la quantité tant que
vous en obtiendrez d'heureux résultats. Mais engraissez vos terres
en même temps avec des fumiers
bien pourris : ce dernier procédé
doit s'appliquer à toute espèce de
simple amendement.

Combien de temps durent les
bons effets de la marne? c'est encore
une question à laquelle on ne peut
faire de réponse positive ; cela dépend des différens terreins : dix ou
douze ans, c'est le terme ordinaire.

Après la marne vient la craie, qui peut la remplacer à quelques égards et seulement pour les terres fortes : employée en trop grande quantité, elle seroit également nuisible, et ses mauvais effets dureroient plus que ceux de la marne.

La chaux, pierre calcaire, qui a perdu son eau de cristallisation et son acide carbonique par l'action du feu, est encore un bon amendement. Elle est souvent dispendieuse, et pourtant inférieure à la marne, à moins qu'on n'ait des insectes à détruire. Il faut, dans ce cas, la réduire en poudre, et la répandre, lorsque les plantes ont quelques pouces de hauteur, par un temps humide autant que possible. Le semeur doit avoir soin de suivre le vent, autrement ce travail ne seroit pas pour lui sans danger.

La chaux amoncelée, attirant trop fortement l'acide carbonique de l'air, fait mourir les plantes qui l'avoisinent : c'est par cette raison que souvent la chaux des murs nuit aux espaliers. Il faut avoir soin de la répandre en petite quantité. Un décalitre par are est une mesure qu'on ne doit pas dépasser, quand on n'a pas encore acquis d'expérience pour faire le contraire.

Dans quelques provinces d'Angleterre, notamment dans le comté de Surrey, on fait un usage considérable de la chaux. M. Bosc nous assure que là tous les cultivateurs ont des fours particuliers pour en fabriquer, et que plusieurs d'entr'eux lui doivent une grande fortune.

Les cendres ont à peu près les mêmes propriétés que la chaux éteinte réduite en poudre. Elles renferment de plus des sels alkalins. Comme tous les absorbans de carbone, elles peuvent, employées en trop grande quantité, être nuisibles, suivant la proportion de potasse qu'elles contiennent, parce que cette dernière matière agit plus que toute autre sur l'humus. Par cette raison, la potasse pourroit aussi, en petite quantité, servir d'amendement, mais son prix élevé ne peut permettre de l'employer à cet usage.

Les anciens nous ont laissé la pratique de brûler les chaumes sur le terrein après la récolte :

» Cérès approuve encor que des chaumes flétris
» La flamme en pétillant dévore les débris.

Virg. Géorg. Tr. de Delille.

11

Il vaut mieux couper les pailles à
fleur de terre, et les porter à la ferme pour en faire des litiéres et des
fumiers qui présentent bien plus
d'avantages.

Le plâtre, ou le gypse, depuis
quelque temps, s'emploie avec succès sur les prairies artificielles, les
luzernes, les trèfles, les sainfoins,
qu'il ranime souvent d'une maniére
étonnante. La meilleure époque
pour le répandre, c'est au printemps, lorsque les plantes ont un
ou deux pouces de végétation. Il faut
choisir un temps brumeux, devant
être suivi de pluie. Cette opération,
précédant une grande sécheresse,
seroit presque nulle. Un muids du
poids de dix-huit cents kilogrammes suffit pour un hectare.

L'on a toujours pensé que le sel

marin rendoit les terres infertiles. De célèbres conquérans ont plusieurs fois menacé les peuples vaincus d'en faire répandre sur leurs territoires. Plusieurs cantons en Egypte , en Perse , en Syrie , qui en sont imprégnés , s'opposent à toute culture , et ne produisent çà et là que de foibles pâturages. Cependant le sel , ayant la propriété de dissoudre l'humus , a quelquefois été employé comme amendement , mais en très-petite quantité.

La décomposition des plantes exposées à l'action de l'air produit du terreau. Si cette décomposition s'opère dans l'eau , elle produit des tourbes , et les tourbes , après leur analyse , donnent , de plus que le terreau , une huile qui n'est autre chose , sans doute , que la décomposition du mucilage des plantes, qui s'évapore dans la formation du terreau. Les tourbes répandues sur les terres, après avoir été réduites en poussière, y produisent souvent de bons effets.

Voulez-vous rendre des tourbières propres à la culture? faites-en écouler les eaux avec grand soin. On peut ensuite en brûler la surface. Cette opération a produit en Hollande de très-riches propriétés. Les terreins qui ont été ainsi travaillés sont favorables aux plantes herbacées avant de pouvoir produire des arbres.

L'écobuage est encore un amendement. Pour écobuer, on lève tous les gazons d'un terrein, et l'on en forme de petits tas, qu'on réduit en cendres par l'action du feu. Ce procédé, qui enlève aux terres toutes les parties huileuses, et laisse le sel dans les cendres , est un amendement souvent dangereux , sur-tout sur les côtes de la mer, où les terres comme les plantes sont imprégnées de beaucoup de matiè-res salines. Cette opération ne peut être très-bonne que dans les ter-reins marécageux et substantiels, où il s'agit de détruire de mauvaises accrues et des insectes.

La terre et les plantes peuvent recevoir d'autres amendemens , et la nature en fait les principaux frais. Les pluies tombant à propos , la lumière céleste , les gelées , les nei-ges , les chaleurs , les vents , les nua-ges , ont une influence bien mar-quée sur la végétation , comme sur la vie animale. A l'approche d'un orage, la végétation fait quelquefois des progrès étonnans , tandis qu'au contraire l'homme est dans le malaise. L'orage est-il passé ? l'homme semble renaître , et les plantes languissent.

L'air , nous disent les chimistes , est composé d'azote et d'oxigène. Il contient aussi de l'acide carbonique , qui ne fait que s'y former et s'y décomposer sans cesse. L'oxigène sert à la respiration de l'homme , et l'azote à la végétation. Les nuées attirant le premier de ces élémens , l'homme s'en trouve privé , tandis que les plantes ont de l'azote en abondance. Après l'orage , l'oxigène reparoît , écarte l'azote , et l'homme respire alors plus librement, tandis que les plantes sont en souffrance, jusqu'à ce que l'azote reprenne son équilibre , et que le soleil vienne les ranimer ; peut-être aussi faciliter leur digestion.

Il est inutile sans doute de nous arrêter davantage aux amendemens que produit la nature. L'homme qui cultive dans les champs n'est pas le maître d'en disposer à son gré. Il les prévoit seulement autant qu'il lui est possible , pour faire ses semis et ses travaux en temps convenable. Le jardinier plus heureux peut les imiter par l'arrosage , les serres , les abris , etc.

Nous conclurons donc que les amendemens des terres sont très-essentiels. Nous allons voir que les engrais le sont encore davantage. Le terreau qu'ils produisent est le principe solide et véritablement actif de tout ce qui végète. La décomposition des fumiers prouve qu'ils renferment

de la silice, de l'argile et de la chaux.
Ils agissent donc aussi comme amendement. Ils produisent de la chaleur,
font effervescence dans les terres,
et les allègent. Seuls avec les labours, ils peuvent produire de bonnes récoltes , et sans eux il n'y a
point de culture qui ne soit bientôt
misérable.

Les meilleurs engrais , après les
excrémens humains , se trouvent
dans les boucheries. La décomposition du sang , des boyaux , des
charognes , mêlée même avec des
litières , a la vertu fertilisante au
premier degré ; mais jamais il n'est
à la disposition des fermiers d'avoir
beaucoup d'engrais de cette espèce.
Les pailles , sur lesquelles les bestiaux ont couché et laissé tomber
leurs urines et leurs fientes , com-

posent les fumiers qu'on trouve dans les fermes. Celui de cheval tient le premier rang. Suivant Olivier de Serres, c'est celui d'âne, parce que cet animal sobre, faisant parfaitement sa mastication, ne rend point de matière qui ne soit bien décomposée. Le fumier de mouton vient après celui du cheval. Celui des bœufs, des vaches et des cochons, leur est inférieur. Il est beaucoup plus froid, plus compact, et par cette raison convient mieux aux terres chaudes et légères, qu'aux terres froides, humides et fortes.

Dans la plupart des fermes, les diverses espèces de fumiers ne sont point séparées. On les mêle, mais c'est une opération qui se fait souvent sans intelligence. On les jette çà et là dans les cours, sans aucun soin. Le trépignement des hommes et des bestiaux les brise, et les eaux, principalement celles des égouts, les lavent, les empêchent de fermenter, et leur enlèvent leurs meilleurs principes.

Un moyen simple pour former de bons engrais, c'est d'avoir, dans le milieu de sa cour, un trou large et aussi profond que peut le permettre l'enlèvement du fumier, entouré d'un léger exhaussement de terre, disposé de manière qu'on y puisse faire entrer à volonté les eaux des égouts. Le fumier qui a trop d'humidité ne fermente pas : celui qui n'en reçoit point assez se dessèche, ou blanchit et moisit sans se former. A l'aide du moyen que je propose, les fumiers fermentent bien, et acquièrent en deux ou trois mois la meilleure qualité. Dans cet état, vingt charretées, du poids de mille à quinze cents kilogrammes, suffisent pour amender un hectare de terre, et mille bottes de paille, du poids de cinq à six kilogrammes, données aux bestiaux pour litière et nourriture, par hors-d'œuvre, peuvent les fournir, étant réunis aux excrémens.

On ajoute quelquefois au fumier des lits de terre, pour en augmenter la quantité. Ce moyen est dispendieux par la main-d'œuvre, et toujours d'un très-foible résultat. On mêle aussi avec le fumier, et pour fermenter avec lui, des lits de feuilles, les marcs des graines huileuses et du cidre, etc. Ces opérations sont loin d'être à dédaigner, quoique la décomposition des végétaux soit toujours inférieure aux objets tirés de la vie animale. Sur les côtes de la mer, au lieu de feuilles, on emploie le varech et le goêmon, etc. : ce qui est fort utile, parce que ces plantes marines parviennent lentement à l'état de terreau, et qu'elles renferment beaucoup de sel qu'il faut diviser.

Quant aux excrémens humains, il y a des pays où on les répand liquides sur les terres, en sortant des fosses. Auprès de Paris, on les réduit en poudrette ; alors ils sont moins dégoûtans à employer ; mais les opérations qu'on leur a fait subir diminuent leur influence. Néanmoins quinze ou seize sachées par hectare, dans une terre qui n'est pas épuisée de longue main, peuvent produire une belle récolte de céréales.

La colombine et la poulée, qui n'ont fermenté qu'à demi, produisent les blés de la plus belle qualité. Il en faut une vingtaine de sachées par hectare.

Le tan, c'est-à-dire, l'écorce de chêne qui a servi aux tanneurs, la décomposition des saules et d'autres vieux arbres, offrent aussi des terreaux très-précieux.

En traitant des diverses plantes, nous parlerons de la manière d'enterrer les engrais. Nous dirons seulement ici que ceux qui se répandent au semoir s'enterrent avec la herse comme les grains ; que sur les trèfles, on laisse les engrais à la surface, mais que la végétation de la prairie les tient frais, et facilite, non pas sans quelque perte, sa décomposition en terreau. On auroit de meilleurs

meilleurs fourrages , si l'on ne fu-
moit pas les trèfles ; et on ne les
obtiendroit pas moins d'une belle
végétation , si on avoit toujours soin
de ne les semer que dans des terres
bien nettes et bien grasses.

Il nous reste encore à parler du
parcage des moutons qui , dans la
grande culture , fait souvent la moitié et plus de tout l'engrais. Dans les
cantons où l'on pratique la jachère
et l'assolement triennal, les fermiers,
pour l'ordinaire, emploient alterna-
tivement le parcage trois ans après
le fumier. Le parc , comme on sait ,
composé de claies pour déterminer
l'enceinte , retenir les moutons et
les garantir du loup , se change de
place trois fois par nuit ; à huit ou
neuf heures du soir ; à une heure ,
et à cinq ou six du matin. On fait

sortir les moutons vers les dix heures. Par ce moyen, trois cents bêtes de forte taille peuvent parquer un hectare de terre en sept jours. Veut-on que le parc soit plus fort, on ne fait que deux ou une seule portée de claies. Alors on avance moins vite; mais cela ne se pratique ordinairement que pour les morceaux de terre très-altérés. Deux cents soixante-quinze brebis peuvent équivaloir à trois cents moutons, parce qu'elles se vident davantage.

Quelquefois les bergers, par paresse, portent les fermiers à leur donner assez de claies pour ne faire jamais qu'une seule et grande portée. Dans la nuit, lorsqu'ils se réveillent, ils entrent dans le parc pour forcer les moutons à changer de place. Ce procédé est des plus vicieux, et ne permet jamais que les excrémens et le suint soient répandus également.

Le parcage commence ordinairement vers la Saint-Jean d'été, et se continue jusqu'aux premières pluies froides du mois de novembre. Dans les grandes chaleurs de l'été, ayez soin d'enterrer le parc à fur et à mesure, afin qu'il ne se dessèche point. Vers l'automne, les sécheresses n'étant plus à craindre, l'on peut faire parquer sur grain, c'est-à-dire, faire coucher les troupeaux sur les terres, après les avoir emblavées. Si le grain n'étoit pas encore germé lorsque le parc est enlevé, il seroit utile de herser le terrein de nouveau.

Enfin ne pouvez-vous vous procurer ni assez de fumier, ni assez

de parc , enterrez comme engrais
des vesces , des sarrasins , des secondes coupes de trèfle , au moment
de la floraison. C'est une perte , sans
doute , mais compensée par les produits à venir. Ajoutons que le trèfle , lorsqu'il a poussé fortement ,
et qu'on l'a toujours coupé avant ou
au moment de la floraison , a non
seulement conservé les sucs de la
terre , en la tenant toujours dans
un état de fraîcheur , mais qu'il lui
donne encore , après être enfoui ,
un nouveau principe de végétation ,
par le moyen de ses racines multi-
pliées , bientôt décomposées en terreau , qui influent sur la végétation
des blés , et encore plus sur celle
des avoines , qu'on peut leur faire
succéder.

CHAPITRE VI.

Des Assolemens.

L'on a beaucoup déploré l'aveuglement des gens de la campagne, par rapport à l'aveugle routine qu'ils ont suivie en agriculture. En effet, on pourroit la trouver inférieure à l'instinct de plusieurs animaux, si l'on en faisoit un examen bien sévère. Dans leurs travaux, ceux - ci perfectionnent très - peu; mais on y trouve rarement un déclin sensible; au lieu qu'on a vu l'agriculture jadis tomber dans un état si malheureux, qu'on auroit pu croire que les êtres qui s'en occupoient étoient dénués de toute intelligence : mais cet ordre de choses, comme nous l'avons déja dit, s'est amélioré. Il est vrai que, dans grand nombre de pays, il seroit encore essentiel de modifier les assolemens ; mais ces changemens ne peuvent s'opérer tout à la fois. Les personnes qui ont porté leurs réflexions sur ce sujet, conviendront qu'il vaut encore mieux que les assolemens présentement en usage se maintiennent malgré quelques défauts, que d'en voir d'autres entrepris par des gens qui n'y entendroient rien, et qui, loin d'en obtenir des résultats heureux, pourroient altérer encore davantage leurs propriétés.

Pour diriger un établissement rural dont le mode de culture est tout ordonné, il ne faut que du bon sens et de l'activité ; mais lorsqu'il s'agit

de tout créer ou de changer le système de culture , il faut bien connoître les variations du commerce
des produits agricoles , avoir des
lumières étendues en agronomie, et
une grande pratique de la culture
des champs. Un homme de mérite ,
mais étranger aux travaux de la
campagne , soumettoit un jour à un
cultivateur le système qu'il vouloit
adopter pour une de ses propriétés ;
mais les deux ou trois questions sui-
vantes lui démontrèrent bientôt l'impossibilité de le mettre à exécution.
Quelles sont les plantes , lui dit-on,
auxquelles vous accorderez immédiatement vos engrais ? Combien,
pour suivre votre assolement , vous
faudra-t-il consommer de paille et
nourrir de bestiaux ? Pour cela vos
récoltes seront-elles en proportion?

Trouverez-vous un débit avantageux de tous les objets que vous voulez cultiver ? Combien vous faudra-t-il de charrues ? Ne manquerez-vous jamais d'ouvrage pour employer tous vos domestiques ? n'en serez-vous pas quelquefois trop surchargé ?

Les baux qui se font journellement, et que la loi semble consacrer, s'opposent à la propagation des assolemens où il seroit nécessaire d'en changer. Ils défendent de dessoler ; c'est une clause d'usage , et leur durée , ordonnée sur le système de culture établi , trois , six , neuf , est encore un obstacle bien plus difficile à lever.

Tous les végétaux ont indubitablement des suçoirs pour prendre leur nourriture. Plus ils sont jeunes , plus ces suçoirs sont ouverts et libres, et plus ils peuvent pomper d'atomes répandus dans l'atmosphère. En vieillissant leurs pores se rétrécissent, leurs fibres se resserrent, et alors leurs racines conservant les dernières de la sève et de la fraîcheur, c'est de la terre qu'ils tirent la plus grande partie de leurs alimens.

Quand on veut établir ou changer l'assolement de ses terres, il faut donc, suivant leurs qualités, adopter des plantes qui se dessèchent plus ou moins vîte. L'écorce et le tissu des plantes oléagineuses en général prennent leur plus forte consistance au temps de la floraison, et quelques-unes même avant ce terme. Les plantes légumineuses ont les pores plus long-temps ouverts; souvent elles restent, pour ainsi dire, dans l'état herbacé, jusque dans la maturité de leur fruit. Plusieurs se recueillent même en verd pour fourrages. Elles sont donc plus exposées aux influences de l'atmosphère et doivent moins épuiser le sol.

C'est encore un bon principe, quand on est placé convenablement pour le débit, d'intercaler, dans les assolemens, les plantes à racines pivotantes et celles dont les racines tracent et s'étendent vers la surface. C'est ainsi qu'on le pratique en Flandre où l'agriculture est si bien dirigée. Voici les deux principaux assolemens en usage dans ce pays.

Premier assolement qui convient principalement aux terres de première qualité. 1.º Colza, lin, pavot somnifère, caméline, etc. ; 2.º froment ; 3.º carottes, bisaille, fèves, pommes de terre, etc.; 4.º avoine, orge, scourgeon, blé marsais ou autre avec trèfle : 5.º trèfle : 6.º froment. Fumez pour le colza, etc., parquez pour le 2.º froment. Fumez ou non pour le 3.º bisaille, suivant l'état de la terre ; mais si la terre vous paroît épuisée ou allégée, parquez pour le 4.º avoine, scourgeon ou blé, ayant fumé ou non à la bisaille. N'avez-vous point mis de fumier pour la bisaille ? fumez aussitôt qu'elle est enlevée, pour mettre du blé. Répandez du gypse ou d'autres amendemens pour le 5.º trèfle, et parquez encore pour le 6.º froment.

Deuxième assolement, tant préconisé sous le nom d'Assolement de Norfolk, quoiqu'originaire de la Flandre. 1.º Froment ou seigle ;

2.° pommes de terre , navets , rata-
baga , haricots , vesce , lentilles , lu-
pin , lin , caméline, etc. ; 3.° avoine,
orge , seigle ou blé, avec trèfle ou
lupuline; 4.° trèfle ou lupuline. Si
vous avez fumé au 4.° trèfle , vous
parquerez ou non pour le blé, suivant
l'état de la terre. Si vous ne lui avez
ajouté qu'un amendement , le parcage, ou du fumier, est de rigueur.
Pommes de terres sans amendemens
ni engrais. Fumez pour lentilles ,
lupins , haricots, et parquez encore
ensuite pour les céréales qui doivent
suivre lorsque vous craignez que la
terre ne se soit trop amaigrie. Après
les pommes de terre, fumez ou parquez suivant l'état de la terre.

Il faut observer que les prairies
artificielles , telles que les luzernes , les sainfoins , qui durent un
grand

grand nombre d'années , doivent sortir des soles ordinaires pour n'y rentrer qu'après leur défrichement.

Faites des prairies artificielles à long terme à proportion de la médiocrité de votre sol , afin de nourrir plus de bestiaux et d'avoir plus d'engrais pour le reste de vos terres en labour. Les luzernes et les sainfoins semés dans un terrein en bon état, et jamais il n'en faut faire ailleurs., n'ont pas besoin d'engrais. Celui qu'on veut leur donner, pour réparer l'épuisement de la terre , fait naître, au contraire , le développement de beaucoup de mauvaises herbes qui les altèrent , et souvent même les détruisent en peu d'années , au lieu de les améliorer.

Les auteurs agronomiques ont beaucoup blâmé l'usage de la jaché-

re. L'expérience nous prouve que ,
dans les terres franches , son principal inconvénient , c'est la perte de
la récolte qui pourroit la remplacer. Dans toutes les terres médiocres elle en a de plus grands , parce
que les sécheresses de l'été souti-
rent de ces terres , quand elles sont
privées de végétation , tous les principes favorables à la culture. Tâchez que de pareils terreins soient
couverts en été par des plantes herbacées.

Après des trèfles et des vesces, etc.
qui ont mal végété , on obtient difficilement de belles récoltes; mais ont-ils
poussé vigoureusement? ont-ils couvert la terre de leur épais feuillage ,
vous pouvez espérer le contraire.
C'est encore par le même principe
que les neiges passent pour bienfai-

santes. Elles donnent à la terre, non seulement tout ce qu'elles ont reçu de l'atmosphère ; mais elles arrêtent aussi l'évaporation qui a lieu dans les gelées , comme dans tous les autres temps de sécheresse.

Les partisans de la jachère ont prétendu que les terres avoient besoin de repos. C'est un faux principe , puisque la destruction des végétaux dans les terres sans culture leur permet d'en reproduire sans cesse de nouveaux. La terre est toujours féconde lorsqu'on ne la contrarie pas par des semis mal calculés , et qu'on a soin de l'entretenir d'humus.

Nos agronomes ont donc eu raison de blâmer l'usage , où l'on est encore malheureusement dans beaucoup de pays , de laisser reposer les

terres ; mais ils ont eu tort de vouer
à la même proscription l'assolement
triennal , en supposant qu'il récla-
moit la jachère , et en lui attribuant
tous les vices des récoltes , qui ne
tiennent qu'à la mauvaise culture
des fermiers ignorans. Il se trouve
des terres qui peuvent le compor-
ter, comme celles de plusieurs lieux
du territoire de Gonesse , par exemple , qui , pouvant être entretenues
avec facilité dans un état de propreté et d'ameublissement , produisent de belles avoines ; céréales qui
ont le moins de rapport avec le froment , et dont le grain est d'un
grand débit dans presque tous les
pays , et la paille appétée par tous
les bestiaux. Ce n'est pas une nécessité de laisser ensuite les terres en
jachère ; elles peuvent encore porter

quelques plantes huileuses, ou beaucoup mieux des trèfles ou des bisailles , qu'on y voit si souvent d'une végétation étonnante , sans nuire en rien , lorsqu'on sait travailler , au blé qui leur succède.

Les produits extraordinaires , qu'ont offert les laines superfines , et l'éducation des mérinos qu'on vendoit par tête trois à quatre cents francs , prix moyen , ont fait trouver momentanément du bénéfice à mettre les terres en objets de pâture et de fourrages , et par conséquent à changer tous les assolemens bons et mauvais. Il ne falloit pas alors , avec de grands capitaux pour se procurer des brebis et quelques béliers , être bien habile cultivateur pour réussir ; mais ceux qui ont

calculé sur de tels bénéfices n'y trouveroient plus leur compte aujour-
d'hui, et encore moins par la suite.
Plus les bêtes à laines fines se mul-
tiplieront, plus elles doivent se rap-
procher de leur valeur intrinsèque
qui, à l'exception de quelques bêtes
d'une rare beauté, ne doit s'élever,
comme dans les bêtes communes,
qu'à trois ou quatre fois la valeur
de la toison.

Dans plusieurs grosses fermes des
environs de Dammartin, à Mau-
regard, à Mortières, à Choisy-
aux - Bœufs, au Menil - Amelot, à
Mitry, où la terre produit peu d'a-
voine, mais du froment en quantité,
on alterne souvent blé et jachère.
Sur la moitié environ de celle - ci,
on sème des vesces, des pois, etc.

pour la nourriture des bestiaux. On peut croire que Virgile n'ignoroit pas cette pratique.

» Qu'un vallon moissonné dorme un an sans
     culture,
» Son sein reconnoissant le paie avec usure;
« Ou sème un pur froment dans le même
     terrein
» Qui n'a produit d'abord que le foible
     lupin ;
» Ou la vesce légère, ou ces moissons
     bruyantes
» De pois retentissans dans leurs cosses
     tremblantes.

VIRG. GÉORG. Tr. de Delille.

Ce système, que je suis loin d'approuver, et que j'ai presque toujours remplacé avantageusement par les deux assolemens mentionnés plus haut, dans deux fermes que je fais valoir, et dont une est de la nature de celles que je viens de citer, n'est cependant pas, auprès d'une grande capitale, aussi dénué de raison qu'on le pourroit croire au premier abord. Les terres où il est établi produisent dix sacs de blé par arpent ou demi-hectare, année très-moyenne, c'est donc cinq par an. Mais, dira-t-on, pourquoi ne pas tirer un produit particulier du reste des jachères nues en les emblavant en totalité ? C'est qu'il faudroit beaucoup d'engrais, et pour cela consommer des pailles qu'on vend à Paris un très - grand prix. Chaque arpent de blé en produit souvent pour quatre-vingt francs, et quelquefois plus. C'est un revenu net qui récompense de la jachère. On fume seulement pour les semis de vesce et de pois. Le parcage, qui réussit à merveille dans ces terres, fait tout le reste de l'engrais : ce qui n'est point coûteux aux fermiers. Au printemps, ils achètent, pour augmenter le nombre de leurs troupeaux, des moutons dans les foires de Saint-Denis, de Gonesse, de Dammartin, etc. qu'ils revendent souvent avec bénéfice pour la boucherie, lorsqu'à la fin du parcage ils sont engraissés.

CHAPITRE VII.

Des Labours et des Instrumens aratoires.

LABOURER est une opération qui pourroit à la rigueur se rapporter à plusieurs travaux. Faire des fossés, des tranchées, enfin remuer la terre et la rendre plus meuble, c'est sans doute labourer, ou au moins faire une chose qui donne le même résultat. Cependant le nom de labour, en général, ne s'applique qu'à l'opération qui retourne et divise la surface du sol, depuis deux ou trois pouces de profondeur jusqu'à huit, dix, et même quelquefois plus, suivant la nature du semis qu'on veut faire, ou la force qu'on peut employer. Les instrumens ordinaires pour ce travail sont : la bêche, la houe et la charrue. Les deux premiers ne sont pas d'une utilité assez majeure dans la grande culture, pour en faire ici mention.

Dans ces derniers temps, d'illustres personnes se sont occupées de la perfection des instrumens aratoires. M. Jefferson, président des Etats-Unis, MM. Guillaume, Chaptal, François de Neufchâteau, et plusieurs autres, ont fait établir des charrues nouvelles, ou ont publié des mémoires sur la forme et les proportions nécessaires pour en établir, dont la marche et le travail remplissent toutes les conditions qu'on pourroit désirer ; rien encore n'a pu répondre entièrement à leurs vœux.

Néanmoins la charrue à deux socs de M. Guillaume est excellente pour les binots et les demi-labours en terrein uni ; elle double le résultat sans doubler l'effort du tirage.

Parmi les nombreuses charrues simples dont on fait usage, nous en distinguerons particulièrement trois : la charrue à versoir mobile ou à tourne-oreille ; la charrue à versoir fixe, et le cultivateur ou l'araire.

Avec la charrue à tourne-oreille (*fig.* 1) dont j'ai changé tout l'avant-train, maintenant très-léger, d'une construction peu dispendieuse, et d'une marche très-facile, parce qu'il est uni à l'arrière-train, sur une ligne droite, par le moyen d'une chaîne qui va du bout du têtard à la haie près de la lumière (x) ; c'est-à-dire,

Fig. 2
Fig. 3
Fig. 1

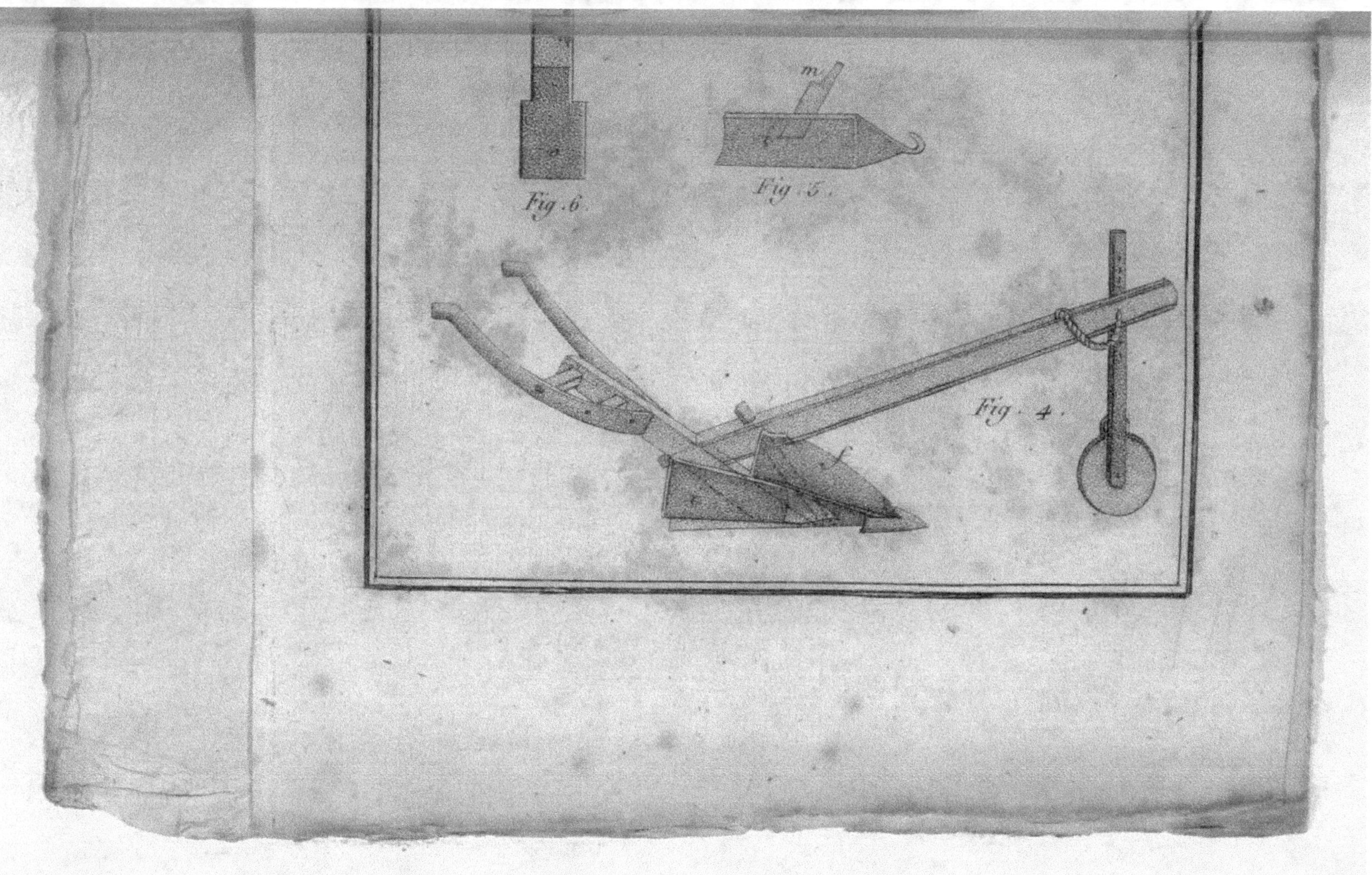
m.
o
Fig. 6.
Fig. 5.
Fig. 4.

c'est-à-dire, près de l'endroit où passe le coutre ; avec cette charrue, dis-je, on peut labourer sans laisser aucun sillon ouvert, en changeant le versoir qui peut se porter de côté et d'autre, pour jetter la terre toujours dans le même sens, quoique les chevaux soient retournés sur leurs pas : c'est ce que l'on appelle labourer à plat. Le soc (*a*, fig. 1 et 2) dont elle est armée a la forme d'un triangle isocèle, et le coutre (*b*), afin d'être porté du côté où la terre est à soulever, est mobile dans une mortaise pratiquée sur la flèche où on le fixe, à chaque sillon, par le moyen d'un ployon (*c*) serré contre lui, à l'aide de deux points d'appui (*d*). L'oreille (*i*) ne retourne pas seule la terre ; il se trouve sur le sep (*e*), pour compléter l'opération du versoir , deux pièces de bois (*f*), qu'on nomme les fourchets , formant , par leur réunion , une espèce de moitié de cône un peu anguleux , dont l'extrémité s'écarte un peu en aile de pigeon ; ils sont évidés en dedans pour qu'ils soient moins pesans, et leur sommet repose sur la douille du soc. Quant au reste, cette charrue ressemble à beaucoup d'autres. Veut-on labourer plus ou moins profondément ? on avance ou l'on recule la flèche, et par conséquent tout le train de derrière sur la sellette (*g*) de l'avant-train ; ce qui doit paroître bien sensible ; la sellette étant toujours à la même hauteur, plus l'arrière-train en est rapproché ou éloigné, plus ou moins le soc doit prendre d'entrure.

Le soc (*h* , fig. 3) de la charrue

à versoir fixe est construit jusqu'au bout de la douille du côté gauche sur une ligne droite. De l'autre côté, il s'y trouve une aile tranchante de six, huit ou dix pouces, suivant la largeur qu'on veut donner aux sillons. Le versoir (i) est toujours placé du côté de l'aile du soc ; et le coutre fixé à la pointe, en s'alignant sur le côté gauche ; de sorte que cette charrue laboure toujours en billons ou en planches. On peut faire celles-ci d'une assez grande étendue pour être à peine apparentes, lorsque cela est nécessaire. Pour que le soc soit plus solidement fixé dans le sep, on peut y joindre une languette (n, fig 3) qui monte le long du fourchet et qui va passer dans la haie et s'arrête au dessus par le moyen d'un écrou.

L'avant-train, que j'ai fait cons-

truire pour la charrue à tourne-
oreille , s'adapte très-parfaitement
à l'arrière-train de la charrue à versoir fixe , qui d'ailleurs ne diffère
de l'autre que parce qu'elle n'a qu'un
fourchet (f) , placé du côté où le
versoir (i) est fixé.

Mes deux charrues , dont la première sert particulièrement pour les
terreins qu'il faut labourer à plat ,
et la seconde pour les défrichemens
des prairies artificielles , les terres
fortes et les terres qu'il faut billon-
ner, tiennent en raie presque d'elles-
mêmes , et elles exigent un effort de
tirage pour faire de bons labours, au
moins aussi peu considérable qu'aucune des charrues qui soient à ma
connoissance.

Une des choses essentielles dans
les charrues , c'est l'angle que doit

former la flèche avec le sep ou la ligne horizontale. M. Jefferson pense qu'une charrue doit rouler sur un angle de dix-huit à vingt-quatre degrés. Il semble en effet que le sep et le soc doivent d'autant mieux glisser sur la terre, que l'angle qu'ils forment avec la haie est moins considérable. Cependant plusieurs charrues, qui font un assez bon travail, ont beaucoup plus d'ouverture. La charrue de M. Guillaume, gravée dans le Nouveau Cours Complet d'Agriculture, présente un angle de trente degrés ; la charrue de Brie présente un angle d'une dimension aussi étendue. Je fais construire les miennes sur un angle de dix-huit à vingt degrés.

Dans l'ouvrage que je viens de citer, qu'on doit regarder comme

le meilleur livre d'agronomie pour
toutes les classes de cultivateurs ,
il est dit qu'en général c'est par
l'ouverture de l'angle qu'on peut
donner de l'entrure à la charrue ;
ce qu'on exécuteroit à l'aide d'un
coin placé derrière l'étançon (l ,
fig. 1 et 4) , pour baisser ou élever
la pointe du sep. On ne pourroit
employer ce moyen que dans les
terres extrêmement légères, ailleurs
l'effort des chevaux auroit bientôt
démonté une charrue dont l'ensemble ne seroit pas plus solidement
fixé. Quelquefois on fait les rouelles
inégales. La plus élevée roule dans
le sillon , et alors la charrue conserve mieux son aplomb.

Deux choses encore de grande importance pour la marche d'une charrue, c'est la longueur du sep, et l'angle

qu'il forme avec l'étançon. En le prenant par l'extérieur, plus cet angle est aigu, plus le tirage fait effort sur le derrière du sep, et par conséquent mieux il le fait glisser dans le sillon. Mes seps ont cinq pouces de largeur, vingt-cinq à vingt-six pouces de longueur, et l'angle qu'ils forment par leur extrémité avec l'étançon est de vingt-neuf à trente degrés. Mes rouelles ont vingt-six pouces de diamètre, et la sellette ne s'élève que d'environ deux pouces au dessus.

Les araires, ou cultivateurs, ne sont que des charrues sans roues; c'est-à-dire, sans train de devant; leurs formes varient beaucoup. Dans différens endroits, on attache la flèche au collier des chevaux ou au joug des bœufs; dans d'autres, l'angle est moins ouvert, et un morceau de bois , garni quelquefois d'une roulette , descend du bout de la flèche et traîne à côté du sillon. Cet instrument , beaucoup moins parfait que la charrue , est très-utile pour biner et chausser les plantes , telles que les pommes de terre, parce que n'ayant pas des rouelles , il passe facilement entre les rangées.

J'ai fait construire un araire (fig. 4) sur le modèle du train de derrière de la charrue à versoir mobile. Elle est d'une très-grande légèreté. Elle est armée d'une oreille de chaque côté des fourchets ; l'on peut ouvrir des rayons plus ou moins larges, parce qu'on peut écarter les oreilles plus ou moins , en tenant les arbalêtriers (*m* , fig. 5) plus ou moins longs. Lorsqu'il s'agit de sarcler seulement sans buter , on fait usage d'un soc quadrangulaire (*n*, fig. 7) et l'on n'a pas besoin d'oreilles.

Quant aux herses, ce sont des instrumens trop simples pour en parler en détail. La plupart sont à dents de bois ; quelques - unes à dents de fer pour les endroits durs, les luzernes, et autres prairies qu'on veut desceller. Au lieu de fer, j'en fais construire de très - fortes en bois, pour le tirage desquelles j'emploie deux, trois et même quelquefois quatre chevaux, et alors j'entame les terres les plus frappées par les pluies.

Pour bien conduire une charrue et tracer des sillons droits et réguliers, il faut de l'intelligence et de l'habitude. Il y a beaucoup de paysans qui passent leur vie sans pouvoir y parvenir. La perfection des

labours exige que les sillons ne
soient pas trop larges ; autrement le
soc ne passeroit pas par-tout. Huit
ou neuf pouces sont des mesures
ordinaires.

Les labours bien faits ne sont pas
encore la chose essentielle. Les fai-
tes-vous à contre-saison ? ne savez-
vous pas saisir l'à propos ? souvent
vous avez fait plus de mal que de
bien. Un des principes les plus importans, c'est de peu labourer dans
les grandes sécheresses de l'été, et
de tenir les terres bien ameublies ;
lorsqu'elles sont privées de végétaux
en herbe, elles reçoivent alors très-
peu d'aliment de l'atmosphère, et
en perdent beaucoup par l'évaporation.

Vos terres vont-elles en pente ?
labourez-les en les remontant ; elles

descendront toujours assez. La charrue à tourne-oreille , avec laquelle on peut verser la terre toujours du même côté, est excellente pour cette opération.

En général, quand on donne plusieurs labours à une terre, avant de l'emblaver, il faut croiser ou prendre de biais les sillons. Le labour fait-il des copeaux , de grosses mottes, et craignez-vous la sécheresse? écrasez-les avec un cylindre ou rouleau dont tout cultivateur doit être muni. Saisissez ensuite la première pluie, et la herse complétera l'ameublissement du sol.

Dans les terreins où la couche végétale garde peu les eaux pluviales, on est dans l'usage de labourer à plat. Dans les terreins humides et argileux, il faut nécessairement la-

bourer en billons plus ou moins élevés, selon le degré d'humidité. Les
billons ne doivent pas avoir moins
de trois mètres, ni plus de cinq à six ;
autrement il y auroit ou trop de sillons ouverts, ou ils se trouveroient
trop éloignés pour qu'on puisse bomber, sans défoncer les terres.

Pour former un billon, on ouvre
d'abord une raie en jetant la terre
à gauche ; ensuite on en ouvre une
seconde à côté de celle-ci en jetant
la terre à droite. Alors on a ce qu'on
appelle une raie ouverte, et l'on
commence son billon en rejetant
dans cette raie la terre, tant celle
placée à droite que la couche de dessous. On fait de même sur la gauche ; mais en observant que si, en
commençant son billon, on enfonce
de sept pouces, une raie ou deux
après

après on déterre d'un quart ou d'un demi-pouce, suivant qu'on veut plus ou moins bomber. Et ainsi de suite, jusqu'à la fin du billon qui, par ce moyen, se trouve convexe et capable de donner de la chasse aux eaux surabondantes. Dans le midi de la France, il y a des cantons dont les terres sont pauvres et peu profondes où l'on fait de très-petits billons, afin de ramener sur un seul point plus de terre végétale. Nous acheverons de traiter des labours en parlant des diverses plantes.

CHAPITRE VIII.
Des Céréales.

Sɪ Cérès a primitivement enseigné la culture des graminées qui portent son nom, il n'est pas étonnant que l'enthousiasme de la reconnoissance en ait fait une déesse bienfaisante. Les plantes céréales sont incontestablement le plus beau présent que la Divinité ait fait aux mortels, et c'est à bien juste titre que celui qui le premier les a soumises à une reproduction abondante, ait mérité de laisser, pour jamais, sa mémoire en vénération.

Le froment, le seigle, l'avoine et l'orge, sont les véritables céréales.

On y joint cependant le maïs, le sorgho, le millet et le riz

Parmi ces précieux végétaux, le froment tient le premier rang. Sa farine est amilacée et glutineuse, c'est-à-dire, qu'elle renferme de l'amidon, et une substance végéto-animale, à laquelle est attribuée la vertu de faire fermenter et lever la pâte, et de rendre le pain très-substantiel. On a voulu distinguer un grand nombre d'espèces de froment ; mais elles sont difficiles à reconnoître, n'étant dues sans doute qu'aux divers sols et à la culture. Nous n'en admettrons que trois : le *triticum hybernum* ou blé ordinaire ; le *triticum compositum* ou blé de miracle, et le *triticum spelta* ou épautre, blé locar ou locular.

Les blés ordinaires se divisent en hivernaux et en marsais. Les blés habitués au semis de printemps deviennent plus tendres ; resemés en automne, ils souffrent davantage des rigueurs de l'hiver; mais après plusieurs années de culture, ils redeviennent de nouveau peu sensibles aux froids.

Il y a des blés à tiges pleines, et d'autres à tiges creuses. Dans le Midi, on en trouve beaucoup de la première de ces variétés ; mais dans le Nord elle est très-rare.

Presque tous les blés du Midi ont les grains fort durs, et ils sortent très-facilement de leurs balles. Dans le Nord, ils sont plus tendres, et tiennent beaucoup plus dans l'épi.

Les blés sont ou barbus ou sans barbes ; mais ce sont encore des caractères qui s'effacent en tout ou en partie, suivant les lieux où on les cultive. Les blés barbus sont plus sujets que les autres à donner un grain très-clair et très-lisse, connu dans le commerce sous le nom de blé glacé, dont la farine est médiocre.

Dans l'ancienne Isle de France et autres bons cantons à froment, on cultive du blé sans barbe, à épis rouges ou blancs lorsqu'ils sont à maturité. Ce blé, principalement celui à épis blancs, dont le grain est d'un beau jaune clair, semble, pour la culture en grand, mériter la préférence.

Le blé de miracle offre plusieurs épis sur la même tige, ou plutôt un épi principal, à l'entour duquel d'autres sont joints. L'apparence de ses produits l'a fait singulièrement prôner; mais si les promesses de ses panégyristes se sont quelquefois réalisées en partie dans les jardins

où les terres sont très-riches et cultivées à grands frais ; dans les champs,
avec les instrumens ordinaires , il a
toujours fallu l'abandonner. Il est
d'ailleurs plus sensible aux variations
de la température ; sa paille dure et
pleine n'est point appétée par les
animaux , et sa farine est loin d'être
d'une qualité supérieure.

L'épautre est sans doute le *far* des
anciens , d'où nous est venu le mot
farine ; ils en faisoient leur premier
objet d'agriculture. Son grain est
enveloppé d'une écorce pailleuse.
Après être mondé , il offre de bons
gruaux : sa farine est délicate , fait
d'excellente pâtisserie et du pain
passable , mais qui durcit promptement , et se lie moins bien que celui
de blé ordinaire.

L'épautre est sujet à peu près

aux mêmes maladies que les autres fromens, et il offre les mêmes remèdes. Les terres à seigle lui conviennent. Il s'accommode même de terreins inférieurs, et il supporte encore mieux les rigueurs de l'hiver. Tout ce qui regarde le blé par rapport aux maladies, et le seigle par rapport à la culture, lui sera applicable ; ainsi nous n'en parlerons pas davantage.

Supposons que le froment succède à des haricots, des pois, des pommes de terre, du colza, des vesces, des lupins, etc. qui ont été sarclés pendant leur végétation, ou au moins qui ont laissé la terre dans un état de propreté et d'ameublissement convenables ; un demi-labour pour enterrer l'engrais est suffisant. Un labour de cinq ou six

pouces de profondeur , suivant l'é-
paisseur de la couche de terre végétale , est utile quand on doit faire
parquer sur grain. On met le parc
sur le labour avant de semer. On
herse et on répand le grain qu'on
enfouit par un très-léger binage.
On peut aussi semer sur le binage
et enterrer le grain avec la herse.
On peut même , lorsque le piétine-
ment des moutons a laissé la terre
meuble , semer le grain et le herser
avec le parcage.

Si votre terre , après la récolte
qui précède le froment, renferme
du chiendent , et que le soleil darde
encore des rayons brûlans, donnez ,
avant toute autre opération , un
binage de deux à trois pouces pour
mettre les mauvaises racines vers la
surface. Trois à quatre jours après,

hersez, afin de les exposer de nouveau aux ardeurs du soleil. Huit
jours se sont-ils écoulés, recom-
mencez le hersage, et si le temps
n'a pas été pluvieux, le chiendent
doit être détruit.

Si l'on étoit obligé de faire parquer beaucoup avant les semailles,
on pourroit le faire immédiatement
après la récolte qui précède le froment; enfouir le parc par un binage, de manière que le labour
pour semer qui succéderoit, étant
plus profond, maintiendroit toujours
l'engrais près la surface, où le blé
doit étendre ses racines.

Quant au fumier à mettre dans
vos terres, tâchez, autant que possible, que ce soit avant le binage,
afin que les labours pour semer,
que vous donnez ensuite, maintien-

nent toujours l'engrais vers la surface, ou comme le disent les paysans,
entre deux terres. Mais ne donnez
le second labour qu'après la fermentation du fumier, et sa décomposition presqu'en terreau. Lorsque,
dans la culture du froment, on fume
au dernier labour, que ce ne soit
toujours que sur des terreins bien
meubles, et avec des engrais bien
pourris, que vous n'enterrez que de
trois à quatre pouces.

Lorsque vous avez fait deux
coupes de trèfle, donnez au chaume
de votre trèfle un labour pour semer de quatre pouces environ, et
faites ensuite, si le trèfle n'a pas été
semé d'hiver, parquer sur grain.
Donnez-vous deux façons? la première ne doit être qu'un binage.

Tout ce qui regarde les chaumes

du trefle doit s'appliquer à ceux de
lupuline.

Dans le système de la jachère
triennal, trois labours suffisent pour
le blé quand la terre est nette. Avec
le premier, qui n'est qu'un binage
et qui se fait en hiver ou au printemps, enterrez vos fumiers. Quant
à la seconde façon qu'on appelle
retaillage, et qu'on exécute vers le
mois de mai ou la fin d'avril, faites-la
profonde, mais toujours de manière
à maintenir l'engrais entre deux terres. Le dernier labour se fait dans
la couche de terre où se trouve le
terreau, qu'il achève de diviser. On
peut aussi, vers la fin du mois de
mars et pendant le mois d'avril,
commencer par le retaillage; biner
dans le cours de l'été, par un temps
humide ou peu sec, et tâcher d'en

profiter pour enterrer le fumier.

Le froment ne s'accommode pas très-bien des terres les plus meubles et les plus composées de terreau ; car s'il y pousse beaucoup en herbe, il y donne du grain de médiocre qualité et une paille veule qui se soutient difficilement, même jusqu'au développement des épis. Il préfère les terres franches et solides, les blancs limons et les terres à demi-glaiseuses et fortes. En principe général, toutes les terres qui rapportent de beau trèfle, *trifolium rubens*, sont de bonne qualité pour le froment ; mais la classe ne se termine pas là. J'ai vu du froment très-passable dans les champs qui bordent la route de Sèvres au Point du Jour, quoique ce ne soient que des sables rouges, peut-être plus ingrats que

que ceux des steps de la Tartarie.
Que de merveilles les engrais et
les amendemens peuvent produire !
Avez-vous des terres sablonneuses,
mais un peu profondes , des terres
crayeuses et légères ? employez le
parcage pour leur donner de la liaison et pour plomber vos labours ;
souvent vous aurez d'aussi belles
récoltes que dans les meilleures
terres. M. Tessier rapporte un évé-
nement du siècle dernier qui devroit
être connu de tous les cultivateurs.
Les Carmes déchaussés , pour célé-
brer la fête de leur patrone, donnèrent
au mois de novembre un feu d'ar-
tifice qui attira les Parisiens dans la
plaine sablonneuse de Grenelle. Les
champs de blé qui s'y trouvoient
furent foulés par les piétons , les
chevaux et les voitures, à un tel

point, qu'on croyoit tout étouffé ;
mais au grand étonnement des propriétaires et des habitans des environs ; ils reprirent bientôt et donnèrent une très-belle récolte.

Il n'est peut-être pas indifférent
de prévenir les cultivateurs, que les
blés en herbe, qui ont été parqués
sur grains, ne sont jamais attaqués
très-près du collet par les lapins et
les lièvres , auxquels l'odeur du
suint est désagréable.

Les grains dégénèrent - ils lorsqu'ils sont constamment cultivés
dans le même lieu ? et y a-t-il nécessité de changer de semence ? avez-
vous une mauvaise qualité de grains,
une variété qui convienne peu à
votre sol ? avez-vous laissé vos récoltes s'infecter de mauvaises herbes ? il est indispensable d'en chan-

ger ; mais hors ces deux cas , l'expérience , en nous prouvant qu'il est prudent de s'en dispenser , nous a mis à même d'apprécier la solidité des observations qu'a faites sur ce sujet M. Tessier.

Il se trouve des cultivateurs qui ne font point de difficulté de semer des blés maigres , retraits et petits , par la raison que le germe , ayant une fois pris racine , ne tire plus son aliment du grain , mais de la terre et de l'atmosphère. Nous ne pouvons approuver ce principe , parce que le premier développement des plantes décide trop souvent de leur beauté pendant tout le cours de leur végétation.

Les blés sont sujets à plusieurs maladies , dont les principales sont la carie , le charbon , la rouille et la coulure. Cette dernière maladie tient, lors de la floraison, au mauvais temps qui empêche les stiles d'être fécondés : ainsi l'homme n'y peut nullement remédier.

La carie, le charbon et la rouille, suivant M. Bosc, sont des espèces de champignons qui, germant avec le grain, s'allongent imperceptiblement en suivant les vaisseaux de la plante en végétation : fait assez difficile à démontrer rigoureusement, mais d'une grande vraisemblance, sur-tout à l'égard de la carie. Lorsqu'il y a, dans un champ, du blé qui doit être carié, on le reconnoît au vert foncé de ses feuilles, et lorsque les épis sont formés, ils sont d'un bleuâtre terne, ayant les balles très-applaties sur l'axe. Maintes fois toute une touffe est cariée, souvent une ou plusieurs tiges. La carie, autrement dit blé noir, offre un grain presque rond, facile à écraser, et qui renferme une poussière qui a l'odeur infecte d'œuf pourri, et qui, dans l'opération du battage, s'attache aux barbes imperceptibles fixées au bout du blé, qu'on appelle alors blé moucheté, et donne, suivant toute apparence, naissance à de nouveaux germes de carie.

Le charbon ou nielle n'est pas pour le blé aussi redoutable que la carie. Les épis qui en sont attaqués sortent à peine de leur fourreau, et la poussière qu'ils produisent, toujours sans odeur, s'envole en très-grande partie avant la moisson.

La rouille, qui semble s'attacher davantage après les brouillards sur les blés en terreins frais et en retard pour la maturité, se manifeste par des taches noires sur la paille qui devient sans consistance et qui ne porte que de petits grains très-maigres. Duhamel, à qui notre agriculture doit tant de reconnoissance, croyoit que la rouille n'étoit apparente que par les excrémens d'un petit insecte qui vit dans les tiges du blé aux dépens des vaisseaux du parenchyme. Avez - vous des terres fraîches ? semez-les toujours les premières, afin que la récolte ne soit pas en retard.

Quant à la carie et au charbon, le chaulage bien exécuté, tant pour le blé que pour les autres céréales, semble en être le vrai remède, et je puis rapporter quelque chose à cet égard qui m'est particulier. Le blé que je cultive aujourd'hui provient,

en grande partie, d'un champ que
j'ai acheté il y a cinq ans tout em-
blavé. Lors de la récolte, il s'y est
trouvé beaucoup de carie ; mais
depuis l'ayant chaulé avec soin, il
s'est trouvé intact, et plusieurs personnes le recherchent maintenant
pour semence. Néanmoins un de
mes ouvriers, les deux années dernières, en répandit sans être chaulé
sur des berges de fossé, et il en est
résulté là seulement plusieurs épis
cariés. Tous mes voisins ont beaucoup de charbon dans leurs avoines,
et les miennes n'en contiennent plus
depuis que je les soumets à la chaux.

Pour chauler, prenez, terme
moyen, un décalitre de chaux par
trois hectolitres de grains ; faites-la
éteindre dans une cuve ; mettez-y
ensuite, mais à l'instant qu'elle cesse

de bouillir, trois décalitres d'eau
par deux hectolitres de grains ; remuez le tout, vous aurez une eau
blanche avec laquelle vous arrose-
rez votre blé ; retournez-le ensuite
quatre à cinq fois avec des pelles,
pour que tous les grains soient bien
enveloppés par l'eau de chaux. Votre
blé amoncelé s'échauffe ensuite considérablement ; vous le remuez au
bout de vingt-quatre heures, et alors
la chaux a rempli son objet. Vous
pouvez semer, le grain est suffisamment ressuié, et le renflement qu'il
vient d'acquérir le fait germer
promptement.

Naguère de prétendus agronomes
avançoient pertinemment que le blé
chaulé avec de la chaux éteinte dans
des huiles, du jus du fumier, de
colombine, et dans mille autres

ingrédiens , avoit une merveilleuse
végétation. Rien n'est plus faux et
plus dangereux , car les eaux grasses , en enveloppant le grain, empêchent l'effet de la chaux. De pareil-
les extravagances ne sont pas dues
seulement aux modernes ; Virgile
nous porte à croire que les anciens
n'en ont pas été exempts.

» J'ai vu dans le marc d'huile et dans une eau
　　　　nitrée
» Détremper la semence avec soin préparée.
» Remèdes infructueux , inutiles secrets !
» Les grains les plus heureux , malgré tous
　　　　ces apprêts ,
» Dégénèrent enfin , si l'homme , avec pru-
　　　　dence ,
» Tous les ans ne choisit la plus belle semence.
　　　　VIRG. GÉORG. Trad. de Delille.

Deux opérations sont en usage
pour se procurer du blé sans mélange. La première , c'est d'ouvrir

les gerbes et d'en ôter à la main toutes les plantes étrangères ; la seconde, c'est d'éplucher le grain en l'étalant sur une table. Celle-ci fait une meilleure opération. Cependant l'autre, qui est beaucoup moins dispendieuse, peut suffire quand on la renouvelle tous les ans.

L'on a inventé divers instrumens pour semer ou planter les grains ; nous n'en parlerons pas, parce qu'aucun ne semble pouvoir servir dans la grande culture.

Le blé peut se semer d'abord en pépinière et se repiquer ensuite. On peut même en éclater tous les yeux qui ont des racines pour en faire autant de nouvelles souches ; moyen bon pour la petite culture et pour regarnir les pièces de peu d'étendue où il se trouve des vides.

Pour emblaver des étendues considérables de terre, il faut semer à
la main. Pour cela on emploie un
morceau de toile de cinq pieds de
long sur trois pieds de large, ayant
à l'une des extrémités des ouvertures
pour passer la tête et les bras, et
avec laquelle on forme devant soi
une espèce de corbeille.

Le semeur, qui doit avoir de la
force, les mouvemens libres et la
main large, tâche toujours de suivre les sillons et d'avoir le vent de
côté. Si le grain, qu'il jette à la volée en demi-cercle, va, par exemple, de ses pieds jusqu'à trente sillons, au bout du champ il se reporte
à dix sillons plus loin, et après
avoir changé de main, il revient à la
première rive en jetant encore son
grain du même côté à la distance de

trente sillons, et ainsi de suite jusqu'à la fin du champ, qu'il ferme ensuite en reprenant les rives sur lesquelles il n'a pas encore passé trois fois. Cela s'appelle semer sur trois essiens. Le vent est-il peu favorable ? il ne sème que sur deux. Par exemple, si son premier grain ne peut couvrir que vingt-six sillons, c'est à treize qu'il se reporte pour revenir toujours en semant à la rive d'où il est parti. S'il n'y a point de sillons pour déterminer les essiens, il espace et se sert de jalons.

Quelle est la quantité de semence qu'on doit répandre ? En général les gens de la campagne pèchent par excès. L'avis des agronomes fondé sur ce viel adage, *qui sème dru récolte menu*, ne doit pas être suivi à la rigueur. Pour une terre qui a
du

du corps , vingt - cinq décalitres ,
par hectare , peuvent être regardés
comme le maximum. Si elle étoit
très-riche en humus, on en pourroit retrancher cinq, ce qui devient
alors la mesure ordinaire pour les
trois autres céréales. Au reste, comme le dit M. Ivart , un de nos plus
savans agronomes praticiens, il vaut
mieux pécher par excès de semence, attendu qu'au printemps on peut
avoir recours aux hersages pour en
détruire.

On peut semer des blés tant hivernaux que marsais depuis le mois
de septembre jusqu'au mois d'avril.
Il y a des pays où l'on sème ceux
d'automne jusqu'au mois de janvier.
Dans toutes les provinces qui avoisinent la capitale, où la culture du
froment est le principal objet, pres-

que tous les semis d'automne se font dans le courant d'octobre, en commençant par les terreins les plus froids et les plus humides. Il se trouve des terres où il y a beaucoup de danger de se presser. Si l'arrière automne et l'hiver étoient tempérés, le blé pousseroit beaucoup en herbe, et au printemps il dépériroit journellement, ou n'auroit plus qu'une végétation languissante.

Quelquefois, comme nous l'avons déjà dit, on couvre le grain avec la charrue. Par une température sèche c'est une bonne opération; en temps de pluie le grain trop enterré seroit exposé à ne lever qu'en partie. Lorsque le labour laisse la terre dans un état très-meuble et qu'il est fait à plat, la herse passant deux fois à travers les sillons peut suffire : ce

qui s'appelle herser de deux dents.
Dans les labours en billons, comme
la herse tend à descendre beaucoup
de grains avec les terres dans les
fonds, M. Ivart propose de herser
d'une ou deux dents avant de semer.
C'est un moyen que nous employons
souvent et toujours avec succès.

Un grain de blé, par un temps qui
n'est pas humide, enterré de trois
pouces et même plus, peut lever;
mais la nature nous démontre qu'il
préfère être plus rapproché de la
surface, puisque les grains qui tombent lors de la moisson dans les
chaumes lèvent souvent très - bien.
N'avons-nous pas vu, après des semis de blé, tomber une si grande
abondance de pluie, que toute opération de hersage devenoit impos-
sible? Le blé cependant a bien levé,

13.

et les récoltes n'ont pas été pour cela plus inférieures. Nous n'en conclurons pas pourtant qu'il faille laisser le grain à découvert ; mais nous pensons qu'il y a toujours moins d'inconvénient à l'enterrer peu que beaucoup.

Votre grain est-il dans la terre ? passez alors dans le fond de vos billons avec une charrue armée d'un petit soc, pour ne point faire de tort. Il suffit qu'un filet d'eau puisse y passer. Ouvrez ensuite des raies d'égout, des sang-sues par-tout où les pentes vous l'indiquent, pour recevoir les eaux des billons. Ne sont-elles pas encore assez déterminées ; qu'un homme avec la bêche supplée à ce que la charrue n'a pu faire.

Au printemps, si la souche du blé est un peus cellée, parce que les ter-

res ont été frappées par les pluies,
hersez par un temps sec, et lorsque
la rosée n'existe plus, d'une ou
deux dents. S'il y avoit beaucoup de
mottes de terre, renversez la herse
sur le dos, et faites - la passer dessus pour les écraser et réchausser le
blé. Si la terre étoit légère, passez-y
seulement le rouleau.

Lorsque le tuyau de l'épi commence à monter, il faut s'occuper de
faire extirper les mauvaises plantes.
S'il y avoit du seigle parmi le blé,
comme il épie quatre à cinq semaines
plus tôt, et qu'alors il est beaucoup
plus élevé, on peut le détruire avec
un bâton ou autre instrument tran-
chant qui coupe et brise les tiges.

Craignez-vous que vos blés ne
versent en herbe? il faut les effa-
ner, c'est - à - dire ôter les fanes

supérieures, ayant soin de ne point couper l'épi dans le tuyau. Cette opération, dans le blé d'une végétation extraordinaire, est de rigueur, parce que les blés qui sont versés, avant la formation du grain, ne produisent que de mauvaise litière, et très-peu de bons grains. Néanmoins il est toujours désagréable d'y être forcé, parce que les blés effanés ne produisent jamais un bel épi. Il vaudroit mieux avoir employé le pacage au commencement du printemps.

» Dès qu'il voit du sillon sortir ses blés superbes,
» Il livre à ses troupeaux le vain luxe des herbes.

Virg. Géorg. Tr. de Delille.

La moisson doit se faire à la première maturité du blé ; on peut commencer même avant qu'il ait acquis toute sa dureté , pourvu que la paille soit bien sèche et que. le grain soit bien formé , il n'en aura ensuite que plus de qualité. Dans une grande exploitation , il est difficile de n'en pas laisser sur pied au-delà du terme qu'il conviendroit , et la trop grande sécheresse de la paille fait que les épis sont sujets à se décoller. Alors il ne faut point faire travailler dans le milieu du jour.

» Faut-il couper le chaume? on le coupe sans
    peine ,
» Quand la nuit l'a mouillé de son humide
    haleine.

Virg. Géorg. Tr. de Delille.

La faucille , la sappe ou faux à main , et la faux sont les instrumens ordinaires pour abattre le blé. La première est de rigueur pour les blés très-versés; pour les autres blés, je préfère la seconde , parce qu'elle égraine moins que la faux ordinaire lorsqu'elle est maniée par d'habiles moissonneurs.

Jamais ne mettez du blé chargé d'humidité ni dans vos granges ni dans vos gerbières.

Toutes les meules de grain doivent se construire sous la forme conique , mais ne commençant à diminuer qu'à la hauteur de dix , douze ou quinze pieds , où il doit y avoir un peu d'élargissement. Pour procéder à une gerbière , prenez d'abord votre circonférence, mettez au milieu une gerbe les épis en haut , elle vous servira pour appuyer les autres contre elle, un peu de champ, l'épi toujours relevé et en vous éloignant jusqu'à l'extrémité. Ensuite commencez par la circonférence en plaçant le premier rang de gerbes ayant le talon à l'extérieur, et les autres en sens contraire, jusqu'au centre où les cercles de gerbes de chaque lit se terminent à rien. Sur une circonférence de huit à neuf pas de diamètre, on peut placer cinq à six mille gerbes lorsque le tassement a été bien fait et l'élévation bien ménagée. C'est un nombre assez considérable pour que le plombement du grain serre le tout si fortement, que la vermine, et sur-tout les rats, ne puisse s'y introduire. J'en ai vu rester entièrement intact pendant deux ans, tandis que le blé avoit acquis ou conservé la plus belle qualité.

L'on a prétendu que les gerbières qui nécessitent des frais de déplacement, puisqu'il faut toujours en dernier lieu rentrer les grains dans les granges, causoient de grandes pertes. Nous pouvons assurer que lorsqu'on étend des toiles au pied des gerbières et dans les voitures, que les ouvriers lèvent et donnent les gerbes avec précaution, la perte et la dépense sont au dessous des avantages.

Dans le midi de la France, où le blé tient peu dans la balle, l'opération du battage se fait en même temps que la récolte, par le trépignement des animaux. Plus au nord, le blé ne quitte l'axe de l'épi que difficilement, et il exige l'usage du fléau. Naguère le batteur prenoit une gerbe, la posoit dans le milieu de l'aire, et frappoit dessus quinze à vingt coups de fléau. Cette opération s'appeloit émoucher. Il la délioit ensuite

et la poussoit dans un coin : il opé-
roit de même sur quatre ou cinq
autres: ensuite il les rapportoit toutes dans le milieu de l'aire , pour
achever , à coups redoublés , d'en
faire sortir le grain qui se trouve
dans le corps de la gerbe. Aujour-
d'hui il est rare de voir émoncher
avec le fléau. Le batteur , pour mieux
conserver la paille qui se brise sous
cet instrument , delie la gerbe , en
fait plusieurs grosses poignées qu'il
frappe, l'une après l'autre , sur un
tonneau ou sur une table qu'on appelle vache : elle est à claire-voie ,
c'est-à-dire formée par des écaillons
distant d'un pouce environ ; elle est
un peu convexe, large d'un demi-
mètre et d'une longueur double.

Le blé se nettoyoit d'abord avec
le van , espèce de grande corbeille

d'osier, et ensuite avec le crible. Aujourd'hui l'usage d'un instrument qu'on appelle tarare, garni d'une trémie, armé d'un ventilateur et d'un grillage pour passer le grain, est plus général et beaucoup plus expéditif.

Le blé étant si important pour la nourriture des hommes, on a cherché tous les moyens qui pouvoient aussi permettre de le conserver en magasin. Lorsqu'un cultivateur ne veut pas vendre ses grains dans le cours de l'année, le mieux c'est de le conserver en gerbières. Est-il dans son grenier? qu'il le fasse remuer souvent. Il reste cependant la crainte des charançons, petit insecte qui éclot dans l'été auprès du germe du blé où son espèce a déposé et enveloppé sa larve, et qui, après avoir vécu aux dépens de la farine,

sort

sort par un bout du grain pour se métamorphoser et vivre d'autres alimens. Le meilleur moyen pour s'en garantir , c'est d'avoir des murs et des planchers si bien crépis , qu'ils n'y puissent trouver aucune retraite pendant l'hiver. Sous ce rapport , les gerbières sont encore avantageuses , parce que les charançons ne s'y introduisent jamais.

Le seigle , *secale cereale* , réclame une partie des mêmes opérations que le froment. Il tient à un genre très-peu nombreux , et ses variétés se réduisent au seigle d'hiver et de printemps , dus aussi à la culture. Ne convenant qu'aux terreins secs et sablonneux , il se sème rarement en billons. Il supporte le plus grand froid et craint les grandes fraîcheurs. M. Ivart nous rapporte qu'il

en a vu, couvert par l'eau, périr en
moins de huit jours, tandis que le
blé avoit résisté pendant plus de
quatre semaines. Cela dépend de la
température. Souvent ils sont loin
l'un et l'autre de résister aussi long-
temps.

Le seigle exige moins d'engrais
que le blé ; les oiseaux, lors de la
moisson, le recherchent peu ; et les
lapins, ce fléau terrible de toutes
les cultures, ne le paissent que par
extrême nécessité.

Comme au printemps le seigle
monte promptement en tuyau, plusieurs fermiers le cultivent seulement pour se procurer un premier
pacage pour les moutons. Il mûrit
deux à trois semaines avant le blé,
et permet de faire des navets après
sa récolte.

Le seigle est sujet à une terrible maladie qu'on appelle ergot, qui semble, comme nous en avons plusieurs fois fait l'observation, se manifester davantage dans les terreins humides et compactes. C'est un grain qui grossit et s'allonge démésurément, qui a la consistance d'un champignon et la forme de l'ergot d'un coq. Un épi en porte quelquefois plusieurs. Lorsque cette monstruosité entre dans le pain en certaine quantité, c'est un poison funeste. Des familles entières, comme plusieurs médecins l'ont constaté, en ont souvent été les victimes. Elle attaque les membres, qu'on voit quelquefois tomber successivement sans éprouver, il est vrai, de vives douleurs, parce qu'ils sont gangrenés. Il n'est pas encore prouvé si le chaulage peut détruire l'ergot.

Le seigle nous porte à parler du méteil, c'est-à-dire des semis de seigle et de froment mêlés ensemble dans des proportions différentes, suivant le caprice des cultivateurs. Rien n'est plus mal entendu que de semer l'une avec l'autre des plantes qui mûrissent à des époques différentes et qui s'affament l'une l'autre. Le blé, il est vrai, après être épié, tend à s'élever aussi haut que le seigle; mais c'est en s'étiolant.

La farine de seigle fait une pâte qui lève mal, et un pain médiocre qui rafraîchit et se tient long-temps frais. Mêlée avec de la farine de froment, il en résulte un assez bon pain de ménage. Le seigle sert à faire de l'eau-de-vie de genièvre, et quelquefois à nourrir les chevaux, soit concassé, ou après avoir été mouillé pour l'attendrir et le faire renfler.

L'avoine, *avena sativa,* se divise, comme le froment, en un grand nombre de variétés, noire, brune, grise, blanche, jaune, rousse, en hivernale et printanière. Les deux variétés les plus connues dans la grande culture, sont les avoines à panicules unilatéraux, ayant les grains tournés du même côté, et celles à panicules circulaires. La première paroît plus délicate sur la nature du terrein, et sa paille est plus appétée par les animaux. L'autre est plus rustique, et sa paille est plus abondante. L'avoine blanche est peut-être la plus productive de toutes, et la moins difficile sur le choix du terrein; mais elle n'est pas, et bien à tort, recherchée dans les marchés des environs de Paris. J'ai toujours trouvé celle que j'ai cultivée mieux nourrie que la noire, plus farineuse, et moins sujette à dégénérer.

L'avoine est la plante par excellence pour les défrichemens de luzerne, de sainfoin, etc. Dans ce cas, elle s'accommode d'un seul labour donné l'hiver pour mûrir le gazon, qui ensuite maintient les terres très-meubles. L'avoine, aimant la terre bien façonnée, vient parfaitement après les pommes de terre, les topinambours, parce qu'ils reçoivent des sarclages, et que leur arrachis achève de rendre la terre douce et légère. Elle s'accommode aussi de la couche inférieure qu'on peut ramer à la surface. Quand

en veut augmenter la couche de la
terre végétale, c'est par la culture
de l'avoine qu'il faut commencer.
Dans l'assolement triennal, il n'est
point de plante plus maltraitée,
quoiqu'étant pour les fermiers la
plus importante après le blé ; mais
voulant toujours économiser sur le
nombre des chevaux ou des ouvriers, ils se contentent de retour-
ner une seule fois leur chaume de
blé pendant l'hiver, et au printemps, lorsque le labour est frappé
par les pluies, ils y répandent de
l'avoine. C'est sans doute d'après
un tel travail que M. Tessier rapporte que dans la Beauce on récolte,
année commune, cent vingt gerbes
d'avoine par demi-hectare. Il se
trouve des terres fortes un peu calco-
argileuses, où un seul labour d'hiver

peut suffire, parce qu'au mois de mars, après les gelées, ces terres, si compactes dans d'autres temps, se trouvent parfaitement ameublies. Les avoines d'hiver se sèment en septembre et octobre. Quant à celles du printemps, semées en février, elles remplissent, dit-on, le grenier. Néanmoins, comme elles sont sujettes à geler lorsque leur germe est en lait, il vaut mieux attendre, pour commencer à semer, les premiers jours du mois de mars. Lorsque les avoines sont en herbe, on les herse par un beau temps. C'est, de toutes les céréales, celles qui s'accommodent le mieux de cette opération. Il s'en arrache un peu, mais le reste n'en pousse que plus facilement.

Une des plantes qui nuit le plus

aux avoines, c'est le *sinapis*, fausse moutarde, et la save ordinaire. Ce sont des plantes huileuses qu'il faut avoir soin de détruire, parce qu'elles effritent beaucoup les terres.

L'avron, *avena fatua*, pousse également avec l'avoine, et il est d'autant plus difficile à détruire, que, mûrissant plus tôt, son grain tombe sur la terre, dans laquelle il peut se conserver plusieurs années.

L'avoine fait d'excellens gruaux : on en fait quelquefois une bière légère et de l'eau-de-vie de genièvre; mais son objet principal, c'est de nourrir les chevaux auxquels on la donne en grain.

Il y a trois espèces d'orge ; l'*hordeum distichon*, orge à deux rangs, qui renferme la précieuse variété d'orge nue ; l'*hordeum hexasti-*

chon, escourgeon ou orge à six rangs, et l'*hordeum zeocriton*, orge éventail ou faux riz. Les deux premières espèces sont les seules en France qui regardent la grande culture.

L'orge distique nue demande à peu près les mêmes opérations que l'avoine de printemps. Elle exige un terrein riche d'humus, chaud, et par conséquent plutôt calcaire que glaiseux. Le Midi semble autant lui convenir que le Nord à l'avoine. Ses racines pivotent plus que celles des autres céréales.

Quelques agronomes ont avancé que l'orge devoit être semée plus tôt que l'avoine. C'est toujours un bien d'être avancé. Néanmoins nous pouvons assurer qu'elle supporte mieux un semis d'arrière-saison.

A la Saint-Georges, *sème ton orge*, dit-on. Nous en avons semé plusieurs fois à la fin de mai, qui est venue très-belle.

L'orge peut s'employer ou mondée ou perlée, et remplacer le riz. Sous la forme panaire, sa farine prend peu de liaison, et fait un pain sec et médiocre.

L'escourgeon, orge à six rangs ou orge d'hiver, est l'espèce la plus productive. Elle surpasse le froment d'un tiers ; mais il lui faut des terreins très-riches, et les départemens du Nord lui conviennent mieux que ceux du Midi. Sa végétation en herbe est vigoureuse : c'est de toutes les céréales la meilleure espèce pour faire des pâturages de printemps. Elle est aussi précoce que le seigle, bien plus abondante, repousse mieux après avoir été fauchée ou pacagée. J'en ai vu, fauchée deux fois en vert, donner à la troisième pousse une belle récolte de grain.

Dans la Flandre, l'escourgeon est principalement destiné à la fabrication de la bière.

Le millet et le sorgho, le maïs et le riz, ne seront jamais en France un objet principal pour la grande culture, parce qu'ils ne peuvent prospérer constamment qu'à une latitude au moins aussi chaude que celle de Bordeaux. Le millet et le sorgho produisent du pain détestable comme le sarrasin. Le meilleur usage que les fermiers en pourroient faire, seroit de l'employer comme fourrage.

Le riz, au moins celui connu en Europe, ne vient que dans les terreins où l'on peut introduire de l'eau pendant

pendant une partie de sa végétation, qui rend d'ailleurs souvent l'air des campagnes pestilentiel. La culture du riz a été long - temps défendue en France. Le riz est très-abondant, et avec de l'eau pour le faire crever, et du sel pour l'assaisonner, le pauvre s'en fait une nourriture très-saine. Mais il est croyable que, n'ayant pas une farine aussi substantielle que le froment, et même que les autres céréales, il rend les hommes plus mous, et cause peut-être la différence d'énergie qui se trouve entre les Indiens et les habitans de l'Europe.

Le maïs offre beaucoup de variétés. Il n'y a peut-être pas de plante qui soit susceptible d'en offrir davantage. Il suffit de planter deux espèces à côté l'une de l'autre pour

en avoir une troisième. J'en ai obtenu cinq à six par ce moyen. Le
plus avantageux, dans les environs
de Paris, est le jaune à huit rangs :
Le grand n'y mûrit pas toujours. Il
y en a une petite espèce très-précoce
nommée maïs à poulet, bonne pour
tenir lieu de cornichons. Lorsque le
grain est encore en lait, on fait confire
les épis dans le vinaigre. Elle n'est
pas assez productive en grain pour
être cultivée en plein champ.

A la fin d'avril ou au commencement de mai, lorsqu'il n'y a plus de
gelées à craindre, on peut planter le
maïs par touffes espacées de dix-
huit pouces. On le sème aussi à la
volée et beaucoup mieux en rayons.
Il demande des binages. Il est même
avantageux de le buter, afin que les
vents ne puissent pas en éclater les
tiges.

Le grand maïs est de toutes les graminées le plus productif; mais si l'on en faisoit antant d'usage que du riz, peut-être ne rendroit-il pas les hommes plus nerveux. M. Bosc nous assure que les chevaux qu'on en nourrit en Amérique sont très-veules. On prétend que dans la Pensylvanie les quakers, persuadés qu'il adoucit le caractère, en nourrissent les personnes condamnées aux prisons. La vraie cause de cet effet vient peut-être de ce que cette nourriture leur donne moins d'énergie. La farine de maïs mêlée, par tiers environ, avec celle de froment, fait un bon pain de ménage. Pour qu'elle ne s'oppose pas à la levure et à la fermentation de la pâte, il faut d'abord en composer une bouillie ordinaire qu'on fait cuire, la verser dans le

pétrin, et y joindre, après le levain,
de la farine de froment ce qu'elle en
peut absorber, afin de composer une
pâte convenable à la confection du
pain. Le maïs est excellent pour
engraisser les porcs, et tous les bestiaux sont avides de son feuillage.

CHAPITRE IX.

Plantes diverses, propres à la grande culture.

Après avoir donné des détails sur la culture des céréales, il nous reste peu de choses à dire sur les autres végétaux qu'on cultive en plein champ, parce qu'une partie des mêmes opérations leur sont applicables. Ces végétaux peuvent se diviser ainsi : prairies artificielles, plantes légumineuses, à racines pivotantes et à tubercules, oléagineuses et tinctoriales.

Parmi les prairies artificielles, nous mettrons au premier rang la luzerne, le sainfoin, le trèfle et la

15..

lupuline, et au second, les trèfles
blanc et incarnat, le lotier et la
grande pimprenelle.

Toutes ces prairies, à l'exception
du trèfle incarnat, se sèment pour
l'ordinaire au printemps, par un
temps humide, à l'aide d'un très-
léger hersage, dans les avoines, les
blés et les orges, etc. qui ont un ou
deux pouces de végétation : ce qui
sert à garantir le germe de la plante de l'ardeur du soleil. Le sainfoin,
peu sensible à la gelée, s'accommode
également bien des semis d'automne.

La luzerne, *medicago sativa*,
aime les terres franches, profondes
et un peu fraîches. Elle prospère
encore bien dans les sables gras
et profonds, qui reposent sur une
argile marneuse qui retient peu les

eaux, dont le séjour la feroit périr promptement. Elle peut durer dix, douze, quinze ou vingt ans, suivant que le sol permet à ses racines de s'étendre et de prendre de la force. Il faut environ douze kilogrammes de graine pour emblaver un hectare. La première année, le plan n'ayant encore que de foibles racines, il convient d'en écarter les bestiaux qui, en le paissant, le feroient périr en partie. A la seconde année, la luzerne est déjà abondante, et à la troisième, elle est dans toute sa force. Lorsqu'elle vieillit, de vigoureux hersages avec des dents de fer, et le plâtre ou le gypse, comme nous en avons déjà fait mention, peuvent la ranimer pour quelques années. Son dernier âge se fait remarquer par la diminution des souches qui périssent successivement, et c'est le temps d'y mettre la charrue pour rendre la terre aux assolemens ordinaires.

Une bonne luzerne peut donner, année commune, par hectare, à la première coupe, qui renferme toujours quelques plantes de prairies naturelles, mille bottes de fourrage du poids de cinq à six kilogrammes, six cents à la seconde, et deux cents à la troisième. Pour obtenir un bon fourrage, il faut la couper au moment précis de la fleur, et par un temps qui puisse permettre de la faner et et de la rentrer sans pluie.

Prise en vert, la luzerne est sujette à causer le météorisme : mais lorsqu'elle a jetté son feu dans le grenier, c'est peut-être le meilleur des fourrages pour entretenir en bon état les chevaux, les bœufs et les bêtes à laine.

Le sainfoin, *hedysarum ano-brichis*, connu dans l'agriculture depuis environ deux siècles et demi, se plaît, comme presque toutes les plantes, dans les terres de bonne qualité. Sa durée égale à peu près celle de la luzerne. Ce qui le rend très-avantageux, c'est qu'il peut s'accommoder aussi des terres calcaires, et des terres sableuses lorsqu'elles sont riches d'engrais et d'amendemens. Il les rend ensuite favorables à la culture du blé.

Depuis quelques années, on en possède une variété à deux coupes, qu'on tire principalement des environs de Péronne. En terre médiocre, ses produits peuvent être égaux à ceux des secondes et troisièmes coupes des meilleures luzernes. Le sainfoin fleurit deux à trois semaines avant ce dernier fourrage. Vert comme sec, il ne présente aucun inconvénient pour les bestiaux : il passe pour être également très-substantiel, et il a tiré son nom de ses excellentes qualités. Cependant, après neuf ou dix mois, il devient un peu poudreux. Le sainfoin se sème à peu près dans les mêmes proportions que la luzerne, mais souvent on emploie la graine encore enveloppée dans la gousse. Dans cet état, il en faut au moins deux hectolitres et demi par hectare, et l'enterrer avec la herse comme le blé, mais plus légèrement. Quand la terre est un peu douce, une seule dent suffit.

La culture du trèfle, *trifolium*

rubens, ne remonte guère au-delà de celle du sainfoin. Il en faut environ huit kilogrammes pour emblaver un hectare. La graine qui provient d'une terre où il se plaît beaucoup, influe considérablement sur ses produits. Il réclame les bonnes terres à froment. La première année, il donne quelquefois une coupe après le sciage de l'avoine, du blé ou de l'orge. A la deuxième année, il est dans toute sa force. Il fleurit quelques jours après la luzerne, dont il peut égaler les produits. Il ne donne guère que deux coupes. La troisième pousse, étant trop en retard pour la fanaison, s'enfouit comme engrais, ou sert pour le pacage. Il peut durer trois ans ; mais il est rare que dans la grande culture on le laisse parvenir à cet âge. En vert, donné inconsidérément, il est sujet, comme la luzerne, à météoriser les animaux. Lorsqu'il a jeté son feu, après le fanage, c'est peut-être le plus nourrissant des fourrages; mais il échauffe les chevaux, et leur fait beaucoup de sang. Il nous a toujours paru prudent de ne pas le leur donner seul pour nourriture, mais de l'entremêler avec d'autre par tiers ou par moitié.

La lupuline, *medicago lupulina*, dont la culture date de très-peu de temps, peut s'intercaler dans les assolemens des terres calcaires, et faire avec le sainfoin la base des prairies artificielles de ces terres médiocres, comme le trèfle et la luzerne dans les terres franches. Le semis s'en fait comme celui du trèfle ordinaire, ou lorsque la graine est encore dans

sa gousse, comme celui du sainfoin qu'elle surpasse en précocité et
qu'elle égale pour le moins en bonne
qualité.

Quand on veut récolter de la
graine des prairies artificielles dont
nous venons de parler, on garde
des secondes pousses auxquelles on
laisse parcourir toutes les périodes
de leur végétation, à l'exception de
la lupuline qui doit se tirer de la
première coupe, la seconde étant
presque toujours nulle.

Le trèfle incarnat, *trifolium in-
carnatum*, est une plante annuelle
qu'on peut semer en juillet, août ou
septembre, sur le chaume du blé, de
l'orge ou de l'avoine, après avoir
sarclé la terre avec une herse à
dents de fer, et même à dents de
bois si la terre s'entame facilement.

Il fournit un pacage très-précoce et très-abondant, et on peut le remplacer par des haricots, des navets ou autres plantes qu'on peut encore semer vers le milieu du printemps. Vingt-cinq à trente kilogrammes suffisent pour un hectare.

Le trèfle blanc, *trifolium repens*, et le lotier, *lotus corniculatus*, sont des plantes vivaces qu'on pourroit cultiver comme prairies artificielles; mais il convient mieux de les mêler dans les prairies naturelles, et sur-tout dans celles d'agrément en terres médiocres, parce que ne craignant pas les sécheresses de l'été, elles les embellissent autant par la verdure de leurs feuilles que par la beauté de leurs fleurs, qui se renouvellent successivement pendant tout le cours de la belle saison.

La pimprenelle , *poterium san guisorba* , est utile pour le pacage. Elle s'accommode de mauvais terreins calcaires, elle redoute peu les grandes sécheresses , et dans l'hiver sa végétation ne s'arrête pas entièrement. Elle se sème comme le sainfoin , et peut durer dix à douze ans. Il vaut mieux la mélanger avec d'autres graminées que de la semer seule.

Sous le nom de plantes légumineuses , nous comprendrons les vesces , les pois gris, les lupins , les gesses , les lentillons, les féveroles , employés généralement pour la nourriture des animaux , et les fèves , les haricots , les pois , les lentilles , pour la nourriture de l'homme.

Dans les départemens septentrionaux , on sème les premières de ces

16.

plantes aux mêmes époques que les avoines et les orges. Il y a des vesces et des lentillons qu'on peut semer en automne. Toutes les bonnes terres conviennent aux plantes légumineuses. Les lentilles et les lentillons grènent mieux dans les terres un peu calcaires, et les fèves et les féveroles conviennent aux terres fortes, qu'elles disposent pour la culture du froment. Les vesces d'automne, qu'on appelle dragées, viennent aussi très-bien dans les terres un peu calcaires, lorsqu'elles sont bien engraissées.

La vesce, *vicia sativa*, lorsqu'elle est en fleurs ou près de fleurir, fournit un excellent pacage pour les moutons. En cosse elle fait un fourrage très-nourrissant pour les chevaux ; elle peut entrer pour moitié dans leur nourriture. Il est essentiel de couper la vesce, ainsi que les lentillons et les pois gris, desquels on veut faire du fourrage, lorsque les cosses sont encore verdâtres, afin qu'elles ne laissent point échapper le grain et que les tiges en soient encore savoureuses. Un hectolitre et demi de semence suffit pour un hectare. La cuscute attaque quelquefois la vesce comme la luzerne. Dans ce cas, il n'y a d'autre remède que de la faire consommer en vert.

Les pois gris ou pois des champs, *pisum sativum*, et les lentillons, *ervum lens-minor*, se cultivent comme la vesce ; ils sont employés aux mêmes usages. Les pois procurent un fourrage sain et rafraîchissant, et les lentillons un fourrage de pre-

mière qualité. Il faut trois hectolitres de pois pour emblaver un
hectare de terre. Il ne faut qu'un
hectolitre de lentillons.

Les lupins, *lupinus albus*, et la
gesse, *lathyrus sativus*, peuvent
s'employer aux mêmes usages que
les pois et les vesces. Ils demandent
la même culture, et possèdent comme fourrages des qualités qui ne
peuvent soutenir la concurrence.

Les féveroles, *faba minor*, peuvent servir pour le pacage ; mais on
les emploie rarement à cet usage.
Parvenues à maturité, elles peuvent, entièrement ou concassées,
remplacer avantageusement l'avoine
pour la nourriture des chevaux. On
les fait, ainsi que les fèves, entrer
dans le pain sous la proportion
d'un cinquième. Il en faut quatre

hectolitres pour emblaver un hectare de terre : leur grenaison, en
mesure égale de terrein, peut égaler celle du scourgeon, et les autres
plantes légumineuses, celle du blé ;
mais l'une et l'autre sont sujettes
à la coulure ou à peu fleurir, sur-
tout lorsqu'elles poussent beaucoup
en herbe.

Toutes les plantes légumineuses
qui servent pour la nourriture des
chevaux, et que dans beaucoup de
pays on appelle bisailles, parce que
le grain, excepté celui des féverol-
les, est très-recherché par les pi-
geons bisets, se sèment ordinairement sur un seul labour, par le
moyen duquel on enterre les fumiers.

Plusieurs agronomes conseillent
de semer les bisailles en rayons,
afin de pouvoir leur donner des

sarclages. Il est moins dispendieux de les semer à la volée. Lorsqu'elles commencent à végéter, on les herse pour servir de sarclage, et bientôt, si la terre a été engraissée convenablement, elles acquièrent assez de force pour couvrir le champ et détruire elles-mêmes toutes les plantes étrangères.

Pour les fèves, les haricots, les pois et les lentilles, la terre doit recevoir à peu près les mêmes façons que pour les bisailles. On plante quelquefois ces légumes à la touffe espacée d'un tiers de mètre. Pour chacune trois fèves suffisent, sept à huit pois, autant de lentilles, et cinq à six haricots, et quelquefois moins suivant la variété. Dans la grande culture, il vaut mieux les planter en rayons, et, avec l'araire, les sarcler ; enfin les biner à la main pour les buter très-légèrement.

Le grain de la fève , soit encore vert, soit après sa dessication , procure une nourriture très-saine. Il y a des pays où les purées qu'on en fait composent d'excellentes soupes pour la nourriture des domestiques employés aux exploitations rurales. On peut semer les fèves depuis la fin de février jusqu'à la fin d'avril.

Les pois se sèment aux mêmes époques ; ils peuvent s'employer aux mêmes usages. Ils préfèrent des terres douces et légères.

On peut encore semer les lentilles à la volée à raison d'un hectolitre par hectare. Elles sont très-recherchées pour la table , sur laquelle on les sert en grain ou en purée.

Les haricots , *phaseolus*..... qui , comme les lentilles , ne servent guère que pour la table , sont très-nourrissans , mais un peu venteux. Il s'en emploie beaucoup en vert , en petites cosses ou en grain. Les haricots nains sont à préférer pour la culture des champs. Ceux de couleur sont les plus rustiques. Le gros flageollet et le soissons sans rame donnent cependant de très-beaux produits lorsqu'ils sont cultivés avec soin. Les haricots demandent les terres les mieux ameublies et au moins deux sarclages ; le premier lorsqu'ils ont quelques feuilles , et le second lorsqu'ils sont près de fleurir.

Les tiges et les cosses des haricots et des fèves sont excellentes pour chauffer le four ; elles procu-

rent des cendres de très-bonne qualité qui renferment beaucoup de
potasse.

Les plantes oléagineuses qu'on
cultive en plein champ sont : le pavot somnifère , le colza , la navette,
la caméline , le lin , le chanvre et la
moutarde.

Le pavot, *papaver somniferum ,*
dont la graine est très-petite , doit
être semé clair en automne ou au
printemps. Le semis d'automne ,
comme dans presque toutes les autres plantes qui peuvent l'admettre,
est pour l'ordinaire plus avantageux.
Une petite pluie est suffisante pour
l'enterrer. Le pavot demande la
terre la plus riche , la plus douce ,
la mieux engraissée et amendée , et
de fréquens sarclages faits à la main
avec des binettes. Il faut en laisser

un pied tous les huit à neuf pouces. Quand le pavot est à maturité, on en coupe les tiges. Pour achever leur dessication, on les réunit debout en forme de faisceaux et avec beaucoup de précaution, afin que la graine ne sorte point des capsules par la houpe supérieure. Les tiges sont-elles bien desséchées? on les porte sur des draps pour y briser les capsules et recueillir la graine, qu'on fait encore sécher au soleil pour lui faire perdre son eau de végétation. La graine de pavot doit être bien nettoyée et vanée, parce qu'au moulin les matières étrangères absorberoient une partie de son huile.

Le pavot sert en médecine. Dans les Indes, on en tire de l'opium. En France, sa culture a pour objet principal

cipal l'huile qu'on en peut extraire, connue dans le commerce sous le nom d'huile d'œillet, la meilleure en fait d'aliment après celle d'olive. Comme elle est inodore, beaucoup de personnes lui donnent même la préférence. Le marc de l'huile d'œillet engraisse les bestiaux et les volailles.

Le colza, *brassica arvensis*, tient le second rang comme plante huileuse propre à la grande culture. L'huile qu'il donne s'emploie presque exclusivement pour la préparation des cuirs et des laines. Elle est bonne pour éclairer. On s'en sert aussi comme aliment, mais elle est très-médiocre pour cet usage.

Le colza succède-t-il à du froment ou à de l'avoine ? aussitôt après la moisson on retourne le chaume par le moyen d'un binage, duquel

on profite pour enterrer du fumier
un peu consommé. Vers le mois
d'octobre, on donne un labour de
sept à huit pouces de profondeur
pour mettre en terre le plant de
colza qu'on a élevé en pepinière
comme des choux , en l'accotant, de
huit en huit pouces , à droite d'une
raie ouverte qui se trouve remplie
par la raie suivante.

Il faut sarcler le colza. Quand la
terre est meuble , il suffit de le herser ; sa prompte et vigoureuse végétation le rend bientôt maître du
terrein. C'est ordinairement vers la
fin de juin que le colza parvient à
maturité. Après l'avoir coupé , on le
place sur le terrein pour achever sa
dessication , les siliques en haut ,
et par grandes brassées retenues
dans des liens , appuyées les unes

contre les autres, et formant de longues rangées. On bat le colza sur des
toiles. Les vaches sont très-avides
des pailles qui sortent du vanage,
et le pain ou le marc dont on a ex-
primé l'huile peut servir à engraisser les bestiaux.

La navette, *brassica napus*, dont
l'huile a les mêmes propriétés que
celle du colza, se sème en automne, et, comme toutes les petites
graines, se couvre très-peu. Il y en
a aussi une variété pour le printemps. On peut herser pour tenir
lieu de sarclage. La navette se cultive quelquefois pour le pacage.
Elle s'accommode des terres calcaires et de toutes les terres un peu
meubles naturellement.

La caméline, *myagrum sativum*,
produit une huile préférable à toute

autre pour l'éclairage. C'est aussi de
toutes les graines de plantes oléagineuses celle qui , à volume égal ,
fournit la plus grande quantité
d'huile. La caméline demande une
terre allégée et ameublie par la culture. On peut fumer celle-ci en hiver et enfouir l'engrais par le moyen
d'un binot. On herse à force au beau
temps pour bien adoucir le terrein,
et un peu avant de semer on donne
un labour, qui d'ordinaire maintient
toujours l'engrais entre deux terres,
et le plus près possible de la surface. On peut semer la caméline
après avoir égalisé le terrein avec la
herse , à raison de six kilogrammes
par hectare , depuis la mi-avril jusqu'à la fin de mai. Une petite pluie
peut la couvrir : on peut aussi le
faire en passant seulement le rou-

leau , qui la couvre avec les petites
mottes qu'il brise et qu'il étale sur
la graine. Trois mois suffisent à la
caméline pour parcourir en entier
le cercle de la végétation. On peut
la scier comme l'avoine , la laisser
pendant quelques beaux jours sécher en javelle, la rentrer en grange
ou mieux la battre de suite sur de
grandes toiles comme le colza. C'est
une opération qui se fait avec facilité
et très-promptement. La caméline
peut produire au moins , ainsi que
les autres plantes oléagineuses, vingt
à vingt-cinq hectolitres de grains par
hectare. Les tiges de la caméline
sont filamenteuses , mais donnent
une filasse médiocre. Elles sont
bonnes pour litière. Quelques bestiaux , les vaches sur-tout, en man-
gent , après le battage , les panicules

et les menues-pailles des capsules. Elles peuvent aussi servir de combustibles comme les tiges des autres plantes oléagineuses.

Le sénevé ou la moutarde, *sinapis nigra*, duquel on extrait une huile résolutive, ou forme une pâte dont on se sert comme aliment, se sème en mars, se cultive comme la navette, et se récolte à la fin d'août. Il demande une terre de première qualité, un peu légère, et plutôt humide que sèche.

Observons qu'en général les graines huileuses, pour perdre leur eau de végétation et acquérir une bonne qualité, ne doivent être envoyées au moulin que deux ou trois mois après la récolte, et que dans cet intervalle il faut les remuer très-souvent, parce qu'elles ont une grande tendance à s'échauffer et à moisir.

Le lin , *linum usitatissimum* , pour bien prospérer , demande plusieurs labours , des terres très-meubles , profondes , et riches de bons engrais bien consommés. Les agronomes , en France , distinguent assez généralement trois variétés de lin. Le grand lin ou lin de fin qui pousse un peu grêle , peu branchu , et procure le plus beau fil. Le lin têtard , plus fort , plus rameux , moins élevé , produisant une filasse inférieure et portant beaucoup de graine ; par conséquent il doit être préféré seulement quand l'extraction de l'huile est le but principal de la culture. La troisième variété est le lin moyen , qui tient le milieu entre les deux autres , et dont la culture est le plus répandue. Il y a aussi du lin hyvernal et du lin marsais ; mais le premier étant souvent détruit par les gelées , est très-peu cultivé dans l'étendue de la France.

L'on croit assez généralement que le lin a une grande tendance à dégénérer. Or on a prétendu qu'il falloit renouveler la graine et la tirer de l'étranger. Riga principalement étoit en possession d'en fournir une grande quantité pour la Flandre. Cependant, comme les Hollandais faisoient cette commission , souvent ils livroient pour de la graine étrangère celle de leur propre pays , et l'on s'apercevoit rarement de la fraude. M. Tessier , l'un de nos citoyens les plus zélés pour affranchir son pays de toute importation, et

par conséquent de tout tribut étranger, a prouvé, par son expérience,
que nos graines de lin ne devenoient point inférieures lorsqu'on les
soumettoit à des semis convenablement espacés pour la prospérité parfaite de la plante, et que la dégéné-
ration provenoit seulement de ce
qu'on tiroit la graine ou d'un terrein
qui lui convenoit peu, ou d'un plant
qu'on avoit semé trop dru, afin d'a-
voir du lin fin, et qu'on arrachoit
aussi avant l'entière maturité. Ce qui
n'est peut-être pas encore sans défaut sous le rapport du fil, car lorsque
le lin est arraché trop vert, la filasse
peut être plus douce, plus fine, mais
plus cassante et peu susceptible de
parvenir à une aussi grande blan-
cheur.

On peut semer le lin depuis le

moment où les gelées ne sont plus à
craindre jusqu'à la fin de mai. Lorsqu'on a en vue d'obtenir du grain,
cent kilogrammes peuvent suffire
pour enblaver un hectare de terre ,
et la quantité s'augmente à proportion qu'on veut obtenir du fil plus
ou moins fin. Elle peut aller jusqu'au
double et même au-delà , sur-tout
lorsqu'on veut obtenir ce tissu ad-
mirable qui forme les baptistes et les
dentelles de Flandre. Le lin , qu'il
faut semer dans un moment de fraîcheur pour qu'il lève promptement,
veut être enterré au plus d'un demi-
pouce ; or il faut le semer sur une
terre sans motte bien réduite de hersage, et où le séjour des eaux ne soit
point à redouter , c'est-à-dire bien
planchée ou billonnée s'il est nécessaire. Lorsque le lin a deux ou

trois pouces de hauteur , on doit le sarcler et détruire les mauvaises herbes qui auroient pu lever avec lui. La cuscute pourroit l'attaquer comme la vesce ; alors il faut en arracher toutes les portions qui en sont infectées , afin que le mal ne se propage pas davantage. Les grandes sécheresses sont très-nuisibles à la végétation du lin. Les trop grandes pluies lui sont également préjudiciables. Le lin arrive-t-il à maturité ? on l'arrache et on le réunit par petites javelles qu'on couche sur la terre ou qu'on dresse debout en forme de faisceaux , pour compléter le desséchement des tiges et des graines. Est-il bien desséché ? on en extrait la graine , soit dans le champ même qui l'a produit , soit dans la grange où l'on a pu le ren-

trer comme les céréales. Pour obtenir la graine du lin, on le prend par
poignée , on pose les extrémités sur
un banc , et on frappe dessus avec
un battoir. La vache qui sert pour
le battage du blé pourroit servir au
même usage. Quelquefois aussi on
obtient la graine en faisant passer
les extrémités des tiges à travers les
dents d'une espèce de peigne à dents
de fer ; ce qui a souvent l'inconvénient de le mal égrener et de rompre des tiges. Après l'extraction de
la graine , on réunit plusieurs poignées, on les égalise par le talon ,
ayant soin que toutes les tiges soient
dans le même sens parallèle , et
alors on en fait des petites bottes
pour être ensuite portées au rouis-
soir.

Le rouissage a pour but de déga-
ger

ger, par la fermentation, les fibres
corticales de la partie boiseuse, dite
chenevotte, qui les enveloppe. Pour
cela, en automne, après la récolte
si le temps est encore chaud, ou
au printemps suivant, on place
dans l'eau par couches régulières
les petites bottes de lin, qu'on appuie
avec des pierres, de la terre ou des
morceaux de bois. On les retire aussitôt qu'on reconnoît que les fibres
corticales se séparent aisément des
autres parties, on les lave et on les
fait sécher promptement, soit à l'air
libre ou artificiellement. Les eaux
stagnantes et les petits ruisseaux
qui coulent lentement sont propres
au rouissage. Dans les eaux vives, la
fermentation s'établit avec trop de
difficulté. Il est important de choisir
un lieu assez éloigné des habita-

tions , parce que le rouissage cor-
rompt les eaux et infecte l'atmosphère environnant. On fait rouir
aussi à la rosée sur des prairies. Le
lin est-il roui ? il faut séparer la filasse de la chenevotte. La plus simple manière de faire cette opération ,
c'est de prendre le lin par poignée
et de le frapper encore, étant posé sur
une espèce de banc, avec un battoir.
La chenevotte étant bien brisée , on
passe et on repasse avec soin la poignée sur l'angle du banc, et ensuite
ou la secoue d'une main pour faire
tomber le reste de la partie boiseuse.
Dans plusieurs endroits , on opère
avec plus de célérité, en faisant passer le lin sous la meule d'un moulin
qu'on appelle *ribe*. La chenevotte
est-elle séparée ? il faut serancer ou,
pour mieux dire, démêler, avec une

espèce de peigne à dents de fer,
la filasse, ôter l'étoupe, c'est-à-
dire, rendre nette et unie la filasse
dont on forme ensuite des poignées qu'on lie pour être livrées au
fabricant de toiles. Serancer est
une opération qui demande le plus
grand soin : l'ouvrier qui prendroit
de trop grosses poignées, qui em-
ploieroit trop de force, casseroit les
fibres et feroit beaucoup d'étoupe.
Il faut donc employer une force
modérée, en commençant le seran-
çage par l'extrémité des tiges, et en
n'avançant au talon qu'à fur et à
mesure.

Le chanvre, *connabis sativa*,
par l'embarras des sarclages et de
l'arrachis des pieds mâles et femelles qu'on doit faire à différentes
époques, et conséquemment avec

un soin qui entraîne de la lenteur
pour ne pas briser les tiges qu'il faut
laisser, ne convient guère qu'aux
petites exploitations. Cette plante,
dont la filasse, comme on sait, est
plus grossière, mais plus abondante
que celle du lin, se sème vers le
mois d'avril, de mai et le commencement de juin. Il épuise autant la
terre, demande autant d'engrais, et
à peu près les mêmes façons que le
lin. Dans plusieurs endroits, on a
l'habitude de faucher tout le chanvre à la fois. Cette pratique est très-
vicieuse, puisque les pieds femelles
qui portent la graine, ne se dessé-
chant que beaucoup après les autres,
ne peuvent, étant coupés avant leur
maturité, donner qu'une filasse très-
médiocre. Il faut observer aussi que
le mâle, donnant un fil plus fin et

plus doux , demande à être roui séparément.

Parmi les plantes cultivées pour leurs racines , nous distinguerons la betterave , la carotte et le panais , le rutabaga et les navets , les pommes de terre et les topinambours.

La betterave , *beta vulgaris* , va devenir sans doute un objet d'importance, puisqu'on en peut extraire un sucre qui entre en concurrence avec celui de la canne des Indes.

Il faut un binage d'hiver pour enterrer le fumier , et un labour au printemps , pour recevoir dans le courant d'avril ou dans les premiers jours de mai , lorsque les terres sont froides , la semence de cette plante , à raison de trois décalitres par hectare. Il faut sarcler aussitôt que la betterave a poussé ses premières feuilles, et en laisser un pied tous les neuf à dix pouces. On sarcle encore lorsqu'elle commence à vouloir prendre du volume. Avant les gelées, il faut arracher les betteraves. Indépendamment du sucre qu'on en peut extraire, on peut, étant cuites sous les cendres, les manger en salade. Les vaches et les bêtes à laine s'accommodent de leurs racines et de leurs feuillages; la culture de la betterave prépare la terre pour celle du froment.

La carotte, *daucus carotta*, et le panais, *pastinaca sativa*, se sèment ordinairement en mars sur des terres meubles et des labours profonds. On peut semer des carottes jusqu'au mois de juin. Le panais s'accommode entre autres des terres argileuses où souvent le panais sauvage croît spontanément : les carottes et les panais exigent des sarclages à la main. Il faut les espacer de trois à quatre pouces. Tous les bestiaux aiment leurs feuillages et leurs racines : les chevaux aiment les carottes, qui sont excellentes d'ailleurs pour les rafraîchir.

Le rutabaga, *brassica rapa* ou navet de Suède, peut se cultiver comme plante huileuse, mais avec désavantage : il exige autant de soins et les mêmes terres que le colza. Les produits en nature pourroient soutenir la concurrence, mais non l'huile qu'on en peut extraire. Semé au printemps, le rutabaga produit un abondant feuillage et de gros navets qui ne sont pas sensibles aux gelées. On peut aussi le semer en automne pour servir de pâture précoce.

Les navets, *brassica napus sativus*, dont une variété est excellente pour la cuisine, et plusieurs autres pour les vaches et les moutons, se cultivent comme seconde récolte, sur la fin du printemps ou au commencement de l'été. Il faut les semer par un temps de pluie et les espacer en les sarclant à peu près comme les carottes.

Dans une terre douce et légère, les navets ont plus de qualité pour la nourriture de l'homme. Il y en a des variétés qui supportent en terre cinq à six degrés de gelée. Ils préparent la terre pour la culture des céréales.

La pomme de terre, *solanum tuberosum*, doit tenir un des premiers rangs dans toute économie domestique bien entendue. M. Parmentier a contribué beaucoup par ses écrits à la faire propager en

France. Elle offre une substance
alimentaire très-saine et très-facile
à digérer : elle exige peu d'apprêt.
Cuite seulement sous les cendres
ou à la vapeur , et mangée aussitôt,
elle a une saveur très - agréable ;
dans cet état , tous les enfans entre
autres en sont avides. Les animaux
domestiques la recherchent autant
que les hommes. Lorsqu'on veut les
en nourrir, il est économique de la
faire cuire au four qu'on chauffe
comme pour le pain.

La culture de la pomme de terre
augmente singulièrement la sécu-
rité contre les disettes. Elle ne
craint ni les tempêtes, ni la grèle ,
qui ravagent si souvent les céréales ,
et ses produits sont immenses. Un
hectare en peut procurer une récolte
de deux à trois cents sachées , qui

peuvent faire la base principale de la nourriture de quinze à vingt personnes. La fécule amilacée qu'on retire de ce précieux tubercule peut composer des soupes pour la table des grands, et des biscuits de Savoie, et autres pâtisseries de choix. On en fait aussi des bouillies excellentes, principalement pour rétablir les personnes attaquées de consomption ; enfin, elle rend les sauces dés ragoûts moins visqueuses et moins collantes, et d'une digestion plus facile.

Il existe beaucoup de variétés de pommes de terre, blanches, rouges, jaunes, violettes, rondes ou longues, et toutes plus ou moins hâtives. Dès la mi-juin on en peut récolter.

Pour bien prospérer, la pomme

de terre ne veut pas un champ trop appauvri. Cependant le fumier affoiblit ses qualités. Voulez-vous préparer la terre à la recevoir, donnez un binage en hiver ou au printemps, et plantez dans le courant d'avril par le moyen d'un bon labour, lorsqu'il n'y a plus de gelées à redouter. On les place dans un sillon sur trois, de chacun six à sept pouces, en les espaçant d'un tiers de mètre, en observant de ne point les placer dans le fond de la raie, mais sur le côté, en terre douce, et de manière seulement que la terre du rayon suivant puisse les couvrir. Si la pomme de terre est très-forte, on peut la partager, pour en faire autant de touffes, en morceaux qui renferment cinq ou six yeux. Le premier sarclage peut se faire avec la herse, lorsqu'elles ont deux à trois pouces de hauteur, et le second avec l'araire, qui sert en même temps pour les buter. Il faut arracher les pommes de terre avant les gelées qu'elles redoutent beaucoup, et lorsqu'elles sont sèches et dégarnies de terre, les porter à la cave. Ceux qui n'ont pas de caves assez spacieuses peuvent ouvrir des tranchées de cinq ou six pieds de profondeur, les déposer dedans, et les recouvrir avec de la terre qu'on élève un peu en dos d'âne pour chasser les eaux. Il vaut encore mieux, lorsqu'on le peut, construire, pour leur servir d'abri, des meules de paille qu'on soutient avec de fortes perches placées en travers sur les tranchées. Vers le mois d'avril les pommes de terre germent et perdent bientôt leur

leur qualité. Voulez-vous en conserver d'une année à l'autre ? faites à
la fin de l'hiver des tranchées profondes : les pommes de terre que
vous y déposerez étant recouvertes
de trois à quatre pieds de terre , et
ne pouvant y germer faute d'air et
de fraîcheur , elles s'y conserveront
assez long-temps en bon état pour
attendre une nouvelle récolte.

Les topinambours , *helianthus tu-
berosus* , excellens pour la nourriture des porcs , des moutons , des
vaches et même des hommes , ayant
beaucoup , pour la saveur , de rap-
prochement après la cuisson avec les
culs d'artichaut , se cultivent comme la pomme de terre ; ils ont
l'avantage de ne point se décomposer à la suite des gelées , de pouvoir
toujours rester en terre , pour être

arrachés à fur et à mesure des besoins, et leurs tiges peuvent aussi servir de combustible.

Les plantes tinctoriales les plus importantes pour la grande culture sont : le safran, le pastel, la garance et la gaude.

Le safran, *crocus sativus*, plante à racine bulbeuse, est originaire de l'Asie, d'où il a été apporté, vers le quatorzième siècle, par un gentilhomme d'Avignon de la famille des Porchaires. Il demande un bon terrein, léger, sans humidité, bien ameubli par les labours, et fumé aux récoltes précédentes. On le plante en juin ou en juillet et quelquefois en septembre, espacé de deux ou trois pouces et à deux décimètres de profondeur, dans des rayons ou raies larges de six ou sept

pouces faites à la charrue, ou mieux
à la bêche. Un froid qui se maintiendroit à dix degrés pendant quelque temps pourroit détruire le safran. C'est ordinairement à la fin de
mai, lorsque le plan a trois ou quatre
ans, qui est le terme de sa durée
pour être vraiment productif, qu'on
lève les cayeux qui servent à la
multiplication de l'espèce.

Le safran est sujet à trois maladies, connues sous les noms de *faus-
set*, *tacon* et *la mort*. La première
est une excroissance qu'on peut am-
puter lors de la plantation ; la seconde une tache pourpre ou brune
en forme d'ulcère, qu'on peut am-
puter avec la pointe d'un couteau ;
et la dernière, très-contagieuse, est
produite par une espèce de champignon, suivant Duhamel, fort en

rapport avec les truffes, poussant
de tous côtés des racines qui vont
chercher les ognons du safran, pour
former dans leur intérieur de nouveaux tubercules qui finissent par
en détruire toute la substance. Lorsque les feuilles qui jaunissent et se
dessèchent annoncent cette maladie, si on veut conserver la safra-
nière, il n'y a d'autres moyens que
de faire une tranchée à l'entour de
la place attaquée, ayant soin de ne
point jetter de terre du côté du safran, parce qu'elle pourroit contenir des principes de la plante qui
cause la maladie.

Les feuilles de safran sont précé-
dées par les fleurs : elles poussent
pendant tout l'hiver, s'allongent
beaucoup, et ne sèchent que vers le
mois de mai. Souvent on les retran-

che au printemps , lorsqu'on ne craint plus que cette opération nuise à l'ognon , pour les donner aux vaches. Les safranières doivent recevoir de légers labours au printemps , être souvent sarclées avec grand soin , et principalement en septembre lorsque les fleurs paroissent. Celles-ci , dont le pistil est en usage dans les arts et dans la médecine , se récoltent en septembre et octobre , le soir ou le matin, avant que le soleil les ait épanouies entièrement et forcées de s'évaporer en partie. Sont - elles à la maison ? il faut s'occuper d'en enlever le pistil qu'elles pourroient gâter, vu qu'elles se fanent et s'altèrent promptement. Il faut choisir , pour cette opération , un lieu dans lequel il y ait un courant d'air , parce que les

19..

vapeurs assoupissantes que ces fleurs exhalent, sont très-dangereuses.

Le safran épluché, après être étendu sur des tamis de crin, sur des plaques de cuivre ou sur des plats de terre, se fait sécher quinze à dix-huit pouces au dessus d'un braisier couvert d'un peu de cendre. Il faut le remuer souvent, ayant soin de ne point le laisser ni brûler, ni s'imprégner de l'odeur de fumée ; ce qui le perdroit. Il est bien desséché, lorsqu'il se brise entre les doigts. Alors on le met refroidir entre des feuilles de papier, et ensuite on le renferme sèchement dans des boîtes où il peut se conserver au moins pendant deux ou trois ans. Le bon safran, dit M. Bosc, doit avoir une couleur vive et une odeur forte. Un hectare n'en produira que quatre à cinq kilogrammes la première année; mais la seconde et la troisième peuvent en donner un produit cinq à six fois plus fort.

Le pastel, *isatis tinctoria*, supporte impunément le plus grand froid ; néanmoins il semble avoir plus de qualité dans le midi. Pour prospérer, il exige les terres les plus riches et les mieux ameublies, ni sèches, ni humides. La variété à graine jaune a des feuilles plus velues : celle à graine violette est à préférer, parce que ses feuilles sont plus grandes, et qu'étant aussi moins velues, elles se chargent moins de poussière pour altérer la teinture. On peut semer le pastel en automne ou au printemps, à la volée ou en rayons. Il faut le sarcler plusieurs fois. Si des pieds, qui doivent tou-

jours être espacés d'environ un demi-
mètre , tendent à monter , on en
coupe le jet principal , pour les forcer à s'étendre latéralement. Le
produit étant dans les feuilles , qui
commencent à mûrir en juin , on les
retranche par un temps sec aussitôt
que , tirant sur le jaune et ne pouvant plus se tenir droites , elles annoncent leur maturité. L'usage assez
général , jusqu'à ce jour , a été de les
faire un peu faner pour perdre leur
eau de végétation , et lorsqu'elles
sont macérées sans fermentation ,
de les porter à des moulins pour les
réduire en une pâte solide qu'on
amoncelle à couvert. Pendant que
cette pâte fermente , on a grand soin
d'en réparer les crevasses pour arrêter toute évaporation , et dès qu'on
s'aperçoit , à l'odeur moins péné-

trante qu'elle exhale, que la fermentation est calmée, on broie la pâte, on la réduit en petites pelotes ou coques d'environ un demikilogramme, qu'on fait sécher. On a inventé ces années dernières des procédés bien plus avantageux, pour obtenir encore une meilleure couleur indigo du pastel. Il en a été imprimé plusieurs dans les journaux; mais ils sont longs, différens entre eux, et par conséquent encore trop peu déterminés pour les indiquer au commun des cultivateurs. Il faut attendre que l'expérience les ait simplifiés et réduits au meilleur.

L'indigo trouvé en Amérique, étant plus abondant, a fait autrefois abandonner la culture du pastel qui fournit cependant, comme l'assurent tous les fabricans , un bleu plus solide. On le mêle quelquefois à l'indigo pour augmenter la qualité de celui-ci. Jadis nous avions du pastel au-delà de nos besoins , et nous en fournissions à l'Angleterre. C'étoit une culture des plus productives , témoin le nom de Cocagnes , donné par rapport aux coques de pastel , aux pays où l'on s'y adonnoit particulièrement.

La garance , *rubia tinctoria* , qui fournit une couleur rouge , moins éclatante que la cochenille , mais plus durable , est une plante naturelle à la France. Dès le temps de Jules César , dit M. Ivart , les Atrébates, qui habitoient l'ancienne province d'Artois , étoient renommés pour leurs étoffes qu'ils teignoient, comme les Romains , avec la racine de la garance qu'ils cultivoient. Le même auteur rapporte qu'une transaction relative à la dîme prouve que dans le douzième siècle elle étoit aussi cultivée dans les environs de Saint-Denis.

La garance demande une terre profonde, douce et légère. Après avoir donné des façons comme pour le blé, on peut la semer en mars ou avril à raison de cinq décalitres de graine par hectare : la graine qu'on tire des provinces méridionales est la meilleure. On peut aussi planter à la charrue des boutures ou traînasses tirées des vieilles garancières. Dans plusieurs lieux on laisse environ un quart de mètre d'intervalle entre les touffes ; il les faut sarcler et buter : la première et la seconde année on peut récolter de la graine.

Vers le mois de novembre de la seconde année, on commence à arracher les plus grosses racines, et l'on
achève à la fin de la troisième. On
fait sécher les racines au soleil ou à
l'étuve ; on les vane, après les avoir
battues, pour enlever leur épiderme
et la terre qu'elles peuvent contenir ;
après quoi on peut les conserver
dans un lieu où elles n'aient aucune
humidité à redouter.

La gaude, *reseda luteola*, est,
comme la garance, une plante naturelle à la France. Dans le midi,
on peut la semer en automne ; dans
les autres départemens septentrionaux, il vaut mieux attendre le
printemps. La graine ne conserve
pas la faculté germinative au-delà
d'un an ; elle demande un très-léger
hersage : la gaude s'accommode de

presque

presque toutes les terres , mais bien façonnées. Elle est plus estimée dans les terres médiocres où elle pousse moins branchue. Il faut la sarcler et la laisser assez drue pour que chaque pied ne produise qu'une tige. On l'arrache vers la fin de l'été, lorsque la couleur de ses tiges commence à tirer sur le jaune ; on étend celles-ci le long des haies pour achever leur dessication , et après en avoir secoué et ramassé la graine qui est également propre à la teinture , on peut les serrer et les garder jusqu'au moment de la vente : la couleur jaune solide qu'elles donnent par la décoction solidifie également les autres couleurs , et particulièrement le bleu de Prusse.

La culture en grand nous offre encore le sarrasin , la cardère ou chardon à foulon, le tabac et le houblon.

Du sarrasin, *poligonum fagopyrum*, l'on extrait une fleur de farine excellente pour faire de la bouillie et des espèces de pâtes qu'on fait cuire dans la poële, assez connues sous le nom de crêpes.

Dans plusieurs cantons de la ci-devant Bretagne, le sarrasin fait, avec les châtaignes, une partie de la nourriture des habitans. Il est peu délicat sur la nature du terrein, qu'il veut néanmoins bien façonné, et plutôt sablonneux et léger que compacte : il craint les gelées lorsqu'il est en herbe. On peut le semer depuis le mois de mai jusqu'à la fin de juin, dans la proportion de huit décalitres par hectare. Il mûrit en septembre. On le scie comme les

céréales, et on le laisse sur place par
brassées et debout pendant quelques
jours pour en achever la dessication;
ensuite on peut le battre dans le
champ qui le produit, sur de grandes toiles ou simplement sur une
aire qu'on a bien frappée. On peut
aussi le rentrer en grange ou le
mettre en meule.

Le grain du sarrasin est bon pour
les volailles. On en peut donner
aussi aux chevaux en place d'avoine.
On peut au moment de la fleur,
lorsqu'il a été semé un peu dru,
l'enterrer comme engrais. Pour cet
objet, c'est peut-être la première des
plantes. La variété, connue sous le
nom de sarrasin de Tartarie, est la
plus abondante.

La cardère, *dipsacus fullonum*,
utile pour le foulage des laines, a

été cultivée de toute ancienneté. On ne peut en entreprendre la culture que dans les lieux où il existe beaucoup de manufactures. Il est encore essentiel, pour être assuré du débit, de traiter d'abord avec les manufacturiers. Cette plante se sème en automne ou en mars. Elle veut une terre un peu fraîche, profonde et bien meuble. Au premier sarclage, il faut espacer les pieds d'environ un tiers de mètre. Dans les années sèches, une partie du plan de la cardère monte dès la première année; mais une récolte avantageuse ne se fait qu'à la deuxième. Chaque touffe donne cinq à six têtes, et quelquefois davantage. La récolte peut durer pendant trois mois. La chute des fleurs et la couleur bleuâtre que prennent les têtes, indiquent le mo-

ment de couper les tiges. Lorsqu'on
s'occupe de faire la récolte de la
cardère, il faut éviter la pluie qui
ramollit les crochets des têtes, et le
trop de soleil qui les rendroit cas-
sans. Lorsque le chardon à foulon
est suffisamment desséché, on lie
ses tiges par paquets de cinquante
pour les porter au grenier, où elles
restent jusqu'au moment de les employer.

Le tabac, *nicotiana tabacum*,
dont l'usage est aussi inutile sans
doute que dégoûtant, a été apporté
en France en 1560 par un nommé
Nicot, ambassadeur en Portugal. Il
est originaire de la province de Ta-
basco, dans le Mexique. Le gouvernement, par des raisons aussi sages
que politiques, s'est chargé de la
vente de cette plante. En consé-

quence, on ne peut la cultiver sans autorisation. Elle veut une terre riche et bien façonnée, qu'elle effrite beaucoup. On la sème en mars ; il faut peu couvrir la graine. On peut élever aussi le tabac sur couche, et le repiquer ensuite. Pour prospérer, les pieds doivent être espacés d'un demi-mètre.

Lorsque les feuilles du tabac tirent sur le jaune, c'est le moment de les retrancher. Celles du haut des tiges n'arrivent guère à maturité avant les gelées blanches. Elles composent le tabac le plus estimé. Les unes et les autres se font sécher à l'ombre, et souvent dans des séchoirs fabriqués exprès. Elles doivent se conserver entières. Si elles séchoient au soleil, elles se réduiroient en poussière. La variété à feuilles étroites , qu'on cultive en Virginie , passe pour avoir plus de qualité que la nôtre , dont les feuilles sont plus larges.

Le houblon , *humulus lupulus* , est une plante indigène qui croît naturellement dans les haies. Il demande une terre franche , profonde et humide , ni argileuse , ni aquatique , qu'il faut défoncer d'un demi-mètre , pour donner la facilité de s'étendre aux nombreuses racines du houblon. Sur des lignes espacées d'environ deux mètres , on forme des monticules qu'on garnit d'engrais. On établit sur le haut de ces monticules , éloignées aussi en tout sens l'une de l'autre d'environ deux mètres , une cavité pour placer quatre ou cinq pieds de plants ou drageons tirés d'une ancienne houblonnière, à la distance l'un de l'autre de huit à neuf pouces. On a soin de mêler quelques pieds mâles pour féconder les pieds femelles. A la fin de chaque hiver , on retranche les anciennes tiges ainsi que les drageons. Il faut sarcler souvent les houblonnières avec les houes à cheval ou à main. Dans leur première végétation , on peut attacher à un échalas les jeunes tiges de chaque monticule. Quelquefois on les enveloppe seulement avec un lien. Quand le houblon prend de la force, on l'attache à de grandes perches de cinq à six mètres de hauteur. Une perche ne doit soutenir que trois à quatre tiges. Lorsque celles-ci ne se ramifient pas naturellement par le haut , on les y contraint en les étêtant. Quelquefois on incline un

peu les perches vers le midi, afin
que la houblonnière reçoive mieux
les rayons du soleil. Une houblonnière peut durer douze ans, et c'est
à la troisième année qu'on en fait la
première récolte, en arrachant les
perches, et en coupant les tiges à la
portée de la main. On reconnoît la
maturité du houblon vers le mois
d'août ou de septembre, à l'odeur
forte et aromatique qu'exhale la
graine renfermée dans les cônes, et
la dessication de cette graine s'achève
à une chaleur modérée. Elle sert,
comme on sait, dans la fabrication
des bonnes bières, qu'elle rend très-
digestives. On mange aussi, en guise
d'asperges, les jeunes tiges du houblon.

CHAPITRE X.

Des Bestiaux.

Pour bien connoître les animaux domestiques , et les maladies auxquelles ils sont exposés , il faut des connoissances très - étendues qui constituent un état particulier Comme chaque famille a son médecin , chaque fermier doit avoir son vétérinaire. Mais l'homme sage et sobre n'a besoin du secours de la médecine que par accident ; de même le fermier qui fait tout avec prudence n'a besoin de vétérinaire que dans le cas de ces malheurs sur lesquels la sagesse ne peut avoir aucun empire.

Les animaux qui tiennent le premier rang dans une ferme, ce sont
les chevaux. Les fermiers ont l'habitude, et souvent par vanité, de s'en
procurer de la plus grande taille et
de la plus forte corpulence. Buffon
pensoit que les chevaux d'une taille
médiocre avoient plus de qualité
que les autres et s'entretenoient
beaucoup mieux. L'expérience nous
a toujours paru confirmer la pensée
de ce célèbre naturaliste.

Depuis quelques années, il se fait
une grande consommation de chevaux, parce qu'on veut les faire
travailler au-delà de leur force, et
traîner sur-tout de très-pesans far-
deaux. Il est tel voiturier aujour-
d'hui qui ne donne pas moins de
trois mille à traîner par cheval. Pour
augmenter l'ardeur des chevaux,

on les pousse de nourriture, et alors s'ils ne périssent pas par les efforts qu'on les oblige de faire, ils périssent par les suites d'indigestions. Il n'est pas rare de voir des fermes très - bien montées perdre presque tous leurs attelages en moins d'une année ; et ce vice, sur lequel on ne veut pas ouvrir les yeux, et qu'on préfère attribuer à son mauvais sort, a causé la ruine de plusieurs fermiers.

Lorsque vous n'avez ni l'intelligence, ni la volonté d'élever des chevaux, même pour votre usage, ce qui peut se faire cependant dans toutes les fermes, les chevaux n'étant jamais meilleurs, ni d'une santé plus ferme que lorsqu'ils sont élevés en partie au sec, ayez soin de choisir toujours ceux que vous achetez bien

bien pris dans leurs membres, forts d'encolure, ayant la bouche fraîche, de la douceur, un bon appétit, les jambes saines, peu serrées principalement sur le devant, le corps bien ramassé et de la promptitude dans la démarche. Assortissez-les pour la charrue, afin que leur tirage soit égal. Que les harnois et tous les équipages soient très-légers et ne blessent jamais les chevaux; que les colliers sur-tout s'appuient bien sur leurs épaules, ne se relèvent jamais vers la gorge dans le tirage et ne gênent point leur respiration.

Faites panser vos chevaux avec soin; qu'ils aient toujours de bonnes litières sèches pour leur coucher, et une nourriture très-saine, mais jamais à discrétion, si ce n'est de la paille qu'ils doivent toujours avoir par hors-d'œuvre. Quant au fourrage pour les chevaux d'une moyenne taille, trois kilogrammes par repas, avec un tiers de décalitre d'avoine , le matin , à midi et le soir , sans la paille, sont des rations très - suffisantes. Quelquefois je fais une autre distribution qui peut convenir dans plusieurs fermes. Le matin , je donne par cheval une provende composée d'un fort tiers de décalitre d'avoine ou de moitié de seigle , orge ou farine de féveroles , avec un décalitre de menue paille ou de paille hachée. A midi , je donne la même provende avec deux à trois kilogrammes de luzerne ; et le soir, je donne seulement environ six kilogrammes de bonnes bizailles bien grenues , soit vesce , pois ou lentillons , avec de la paille à discrétion

pour passer la nuit. Mais les chevaux ont-ils fait quelques travaux
extraordinaires ? faites-leur donner
en surcroît, lorsqu'ils arrivent à
l'écurie, un demi-décalitre de son
légèrement imbibé d'eau. Quel-
ques-uns vous semblent-ils un peu
échauffés, faites-leur boire de l'eau
de son pendant quelques jours. Pour
leur boisson ordinaire, rejetez toutes les eaux croupissantes. Si elles
proviennent d'un puits, faites – les
toujours tirer d'avance pour qu'elles
prennent la température de l'atmosphère.

Sur les routes bien entretenues,
pour les chevaux de moyenne taille,
quatorze à quinze cents sont des
charges qu'il ne faut pas dépasser
par cheval ; et sur la terre, par les
beaux temps, il faut mettre cinq

à six cents de moins. Si vous prenez toutes ces précautions, si vous menez vos chevaux avec douceur, ils auront rarement besoin du secours de la médecine, et vous les conserverez bien portant jusqu'à leur dernier âge.

C'est ordinairement lorsque les chevaux vieillissent que leurs salières se creusent, et qu'il leur pousse des poils blancs aux sourcils et aux jambes. Mais les dents incisives, six à chaque mâchoire, sont les seules marques certaines de leur âge. Les deux du milieu s'appellent *pinces*, celles de chaque côté de celles - ci se nomment *mitoyennes*, et les plus éloignées se nomment *coins*. A deux ans et demi ou trois ans, les pinces de lait se déchaussent et sont remplacées par les pinces d'adulte ; à trois ans et demi, les mitoyennes en font autant, et à quatre ou cinq ans se font les coins. Alors le poulain prend le nom de cheval. Les maquignons, pour avancer l'âge des chevaux, arrachent les dents de lait avant le terme prescrit par la nature; mais les crochets, espèces de dents canines, qui se trouvent entre les dents dont nous venons de parler et les machelières, peuvent souvent faire reconnoître la fraude, parce qu'ils ne poussent aux chevaux qu'entre quatre et cinq ans. La plupart des jumens n'ont point de crochets. Lorsque le poulain prend le nom de cheval, ses dents sont creuses. A six ans les pinces de la mâchoire inférieure sont remplies; à sept ans les mitoyennes, et à huit ans les coins. Les pinces de la mâ-

choire supérieure, qui reçoit moins
de frottemens lorsque le cheval
mange, ne se remplissent qu'à neuf
ans, les mitoyennes à dix, et les
coins à onze ou douze ans. Alors le
cheval sort de marque. On doit
compter pour rien une tache noire
qui reste souvent à la place de la cavité de la dent. La sécheresse du palais, la longueur des dents et leur
défaut d'aplomb les unes sur les autres pour les chevaux qui ne les ont
point usées à manger des grains
trop durs, tels que le maïs, sont
des marques de vieillesse que les maquignons peuvent encore faire dispa-
roître avec la lime. Ils peuvent aussi
creuser les dents avec des burins;
mais un œil exercé reconnoît bientôt la friponnerie. Il se trouve des
chevaux qu'on appelle bégus, dont

les dents ne se remplissent jamais en totalité ; mais alors on peut les reconnoître, parce que les incisives n'offrent plus cette marche régulière de raser jusqu'à onze ou douze ans.

Pour le labourage, les anciens employoient exclusivement les bœufs. Il se trouve beaucoup de personnes qui sont étonnées de ce que nous préférons les chevaux. Plus cet animal vieillit, disent-elles, plus il perd de sa valeur. Quoique le bœuf présente un résultat contraire, le plus simple calcul fait voir qu'il faut aujourd'hui le reléguer dans les métairies qui ont beaucoup d'herbages, et destinées principalement à l'éducation des animaux. Dans les grandes exploitations de céréales, le bœuf, quoiqu'il augmente de valeur jusqu'à l'âge où il devient bon pour la boucherie, seroit onéreux. Supposons que deux chevaux qu'il faut pour une charrue coûtent chacun quatre cents francs de nourriture, le bœuf qui travaille coûte presque autant, attendu que, s'il consomme moins de grains, il lui faut quarante à cinquante livres de fourrage ou de l'herbe à proportion ; il va moins vîte, travaille moins long-temps, parce qu'il n'a pas les membres aussi favorables à la marche, et qu'ayant une grande panse à remplir, et devant encore ruminer, il lui faut deux fois autant de temps qu'au cheval pour prendre ses repas. Enfin il est difficile que quatre bœufs puissent faire plus de travail que deux chevaux. En supposant qu'ils coûtent seulement 1,200 francs à entretenir, il y aura donc par charrue, ou par chaque trente hectares de terre à labourer , un excédent de dépense annuelle de quatre cents francs. Il est facile de voir que la vente des bœufs seroit loin de couvrir une telle différence.

Quand il faut se procurer des vaches , comme elles ne sont principalement utiles que pour leur lait , c'est à cela, après la santé, qu'il faut faire attention : mais je recommanderai toujours aux fermiers de renouveler, autant qu'il leur sera possible , leurs étables , en élevant les plus beaux de leurs veaux. Comme chez eux les vaches sortent moins que dans les métairies, que du mois de novembre au mois d'août elles ne quittent guère la ferme ; alors, en les élevant soi-même , elles se trouvent mieux faites à ce genre de vie et moins délicates.

Hors les temps du pacage, dans les grosses fermes destinées particulièrement à la culture du blé, on nourrit les vaches à l'étable avec des pailles sèches, sur - tout celles d'avoine. Dans l'hiver, il faut tâcher de suppléer au manque d'herbages par des racines ; les topinambours, les pommes de terre cuites au four, sont excellens pour cet usage. A défaut de racines, il faudroit donner du regain : le son et les eaux blanches leur sont aussi nécessaires qu'aux chevaux pour les préserver de maladies. Dans les fermes, on est dans l'habitude de faire consommer la menue paille d'avoine, c'est-à-dire la petite paille des balles qu'on ramasse après le vanage. Des servantes ou des bouviers paresseux les portent dans les mangeoires sans les passer au crible, et les vaches, qui avalent l'énorme quantité de poussière qu'elles renferment, tombent dans le marasme et périssent bientôt de phthisie.

Comme dans les exploitations rurales il faut acheter le moins possible, je conseille d'avoir toujours quelques truies, afin d'élever les porcs que la cuisine consomme : les débris de la laiterie, de jeunes pousses de trèfle, de luzerne, de vesce, des pommes de terre cuites, des topinambours et des grains de rebut sont les seules choses qu'ils réclament de rigueur.

Les bêtes à laine sont d'une très-grande importance : leurs excrémens forment de bons engrais, et les produits considérables de leurs toisons ne demandent pas des soins journaliers très-embarrassans ; l'essentiel , c'est de les bien nourrir et d'avoir des bergers intelligens et bien dévoués à leur état. Malheureusement les bêtes à laine sont sujettes à grand nombre de maladies dont la plupart sont contagieuses.

> Autant qu'on voit de flots se briser sur les
> mers,
> Autant dans un bercail règnent de maux
> divers !
> Encor s'ils s'arrêtoient dans leur funeste
> course !
> Pères, mères , enfans; tout périt sans res-
> source.

Virg. Géorg. Tr. de Delille.

Le claveau , espèce de petite vérole , est souvent un grand malheur pour les personnes qui s'occupent de l'éducation des bêtes à laine , et jusqu'à présent on n'a pu lui trouver aucun préservatif réellement efficace.

efficace. Quelquefois il se manifeste par des symptômes d'une si grande malignité, qu'il tue, comme le dit Virgile, presque tout le troupeau. Faites attention aux chemins que vous suivez. Car l'inoculation du claveau peut se faire en passant à la suite de quelques bêtes attaquées de cette maladie. Sous ce rapport, le voisinage des bouchers est extrêmement dangereux, et dans chaque pays on devroit toujours les cantonner avec le plus grand soin.

Le charbon attaque les bêtes à laine. C'est un bouton dur et âpre dont le centre est noir et bientôt suivi de la gangrène. Il se manifeste dans une partie quelconque du corps, principalement dans les endroits peu chargés ou dégarnis de laine. L'animal alors devient triste, mange peu, et meurt quelquefois en moins de vingt-quatre heures. Cette maladie, si connue dans plusieurs provinces du midi, a fait depuis quelques années beaucoup de ravages dans les environs de Gonesse et de Dammartin. Lorsqu'elle accompagne le claveau, elle le rend presque toujours mortel. On a pensé que les eaux corrompues qu'on faisoit boire aux bêtes à laine en étoient l'origine. Peut-être aussi vient-elle de la pâture de plantes chargées de principes vénéneux.

La maladie charbonneuse des moutons est d'autant plus à craindre, qu'elle se communique aux hommes ainsi qu'aux autres animaux. C'est un fait que nous avons été à même de reconnoître, et qui nous a été particulièrement confirmé par M. Hubin,

vétérinaire distingué et ancien élève
de l'école d'Alfort, résidant à Dammartin. Les Sieurs Cochu et Cadot,
cultivateurs dans le canton de ce dernier bourg, ont perdu des chevaux
pour leur avoir fait porter des bêtes
attaquées du charbon. L'année an-
térieure, le Sieur Gervais d'Oissery
et M. Haquin de Juilly en ont perdu
par la même cause, et le fait peut
d'autant moins se révoquer en
doute, que M. Hubin a remarqué
que le charbon s'est manifesté
à l'endroit même où le sang des
moutons avoit porté. Nous avons eu
un parent qui s'inocula le charbon
par une goutte de sang qui lui san-
ta sur le poignet en sortant de la
peau d'un agneau. Il est à notre
connoissance que grand nombre de
bouchers ont éprouvé des accidens

semblables. L'amputation ou de violens caustiques sont les remèdes dont
on peut faire usage.

Lorsque le charbon n'est pas intérieur, il est rarement mortel pour
l'homme, parce que, connoissant le
danger, il se fait promptement administrer des secours. Chez les animaux, lorsque le mal devient apparent, il a fait ordinairement trop
de ravages pour que les remèdes
puissent s'administrer à propos.

Plusieurs fermiers, lorsqu'ils ont
des moutons attaqués de la maladie charbonneuse, s'empressent de
les faire tuer pour l'usage de leurs
domestiques. Il ne paroît pas probable qu'après la coction, les vian-
des de ces bêtes présentent du danger pour ceux qui s'en nourrissent;
mais il y en a beaucoup pour les

personnes qui les préparent. Les peaux qu'on fait sécher tendent aussi à corrompre l'air et à propager la maladie. Il seroit donc plus prudent d'enterrer profondément toutes les bêtes mortes du charbon. Si la cupidité ou l'ignorance de plusieurs personnes les porte à suivre une marche contraire, l'humanité réclame alors qu'elles y soient contraintes.

Le météorisme est encore une maladie par laquelle tout un troupeau peut périr dans un seul quart d'heure. C'est dans les tréfles et les luzernes qu'il se manifeste le plus. Lorsqu'un berger a de ces prairies à faire pacager, il ne doit y laisser entrer ses moutons qu'après leur avoir déjà fait parcourir quelques foibles pâturages; ensuite faire passer et repasser plusieurs fois le troupeau sur le morceau à pacager ; quand il est à paître, avoir toujours l'œil dessus, et à la première bête qui donne le moindre signe de danger, le retirer promptement. Sept ou huit gouttes d'alkali volatil, mêlé dans deux cuillerées d'eau qu'on fait avaler à la bête gonflée, sont un remède que nous avons vu souvent employer avec succès (1). A l'égard du cheval, à moins que la tuméfaction ne soit dans les intestins, le météorisme n'est pas apparent, à cause de la petitesse de son estomac par rapport aux autres viscères.

Les moutons sont sujets à la pour-

----

(1) Si l'on avoit le temps d'employer, au lieu d'eau, deux cuillerées d'infusion de camomille ou de fleurs de tilleul, le remède auroit encore plus d'efficacité.

riture : la pâture dans les marécages et les lieux très-frais ne les épargne jamais ; aussi en périt - il beaucoup de cette maladie quand les automnes sont très-pluvieux. Il est donc bien important de ne les point mener au pacage avant que la rosée ne soit tombée , et de rentrer avant la nuit , lorsqu'on sent la fraîcheur monter. Lorsqu'une bête n'est pas saine , retournez - lui le bord de la paupière , vous la trouverez très-pâle , au lieu d'être vive et de couleur rougeâtre. Alors si cette bête est encore bien en chair , vendez-la promptement pour la boucherie, ou employez-la dans votre cuisine, car il ne faut pas espérer de guérison.

» Vois-tu quelque brebis chercher souvent
          l'ombrage ,
» Effleurer à regret la pointe de l'herbage ,

» Sur le tendre gazon tomber languissam-
    ment,
» La nuit seule au bercail revenir lentement,
» Qu'elle meure aussitôt ; le mal , prompt à
    s'étendre ,
» Deviendroit sans remède à force d'en
    attendre.

Virg. Géorg. Tr. de Delille.

Le grand froid morfond les moutons lorsqu'ils y restent long-temps.
Dans les grandes gelées , il ne faut
les laisser à la pâture que pendant
quatre ou cinq heures au milieu du
jour. Dans le temps des neiges , on
les sort dans la cour pendant quelques quarts d'heure , chaque fois
qu'on met du fourrage dans leurs
râteliers ; on les mène encore boire
à midi ; ce qui renouvelle l'air des
bergeries et les rend plus saines.

Les grandes chaleurs sont encore
plus que le froid nuisibles aux bêtes

à laine. Elles leur causent le desséchement des poumons et le vertige,
deux maladies qui en font périr encore un grand nombre. Empêchez
donc toujours qu'elles ne restent
dans les claies passé dix heures du
matin, et dans le fort du soleil
faites-les mener sous quelque ombrage.

» A midi va chercher ces bois noirs et profonds,
» Dont l'ombre au loin descend dans les
sombres vallons.

VIRG. GÉORG. Tr. de Delille.

Beaucoup de fermiers donnent du
grain à leurs agneaux pour les rendre plus vigoureux. Cette nourriture semble peu convenir aux rumi-
nans. Elle leur cause souvent de
mauvaises digestions, et peut-être
dans les bêtes à laine aggrave-t-elle

beaucoup cette hydatide ou hydro-
pisie de cerveau , qui attaque particulièrement les agneaux et antenets,
et qu'on appelle tourni , parce que
la bête qui en est attaquée va ordinairement de côté.

M. Hubin que nous avons cité plus
haut , dont les conseils nous ont été
souvent très-utiles , nous a fait connoître une maladie encore plus dan-
gereuse, produite par le grain qu'on
donne aux moutons , soit vané , soit
en épis. Les bergers la connoissent
sous le nom d'écharpillage. Elle se
manifeste par une grande démangeaison sur toutes les parties du
corps , en commençant par les extrémités. L'animal se mord où siège la
démangeaison , cherche à se frotter
contre les corps durs , et perd sa
laine ; il devient foible , se couche

souvent et mange dans cette attitude; bientôt, si on ne le tue, il dépérit et tombe dans le marasme le plus complet. Le Sieur Oudot à Juilly, et M.ᵉ Lavau au Plessis-Belleville, ont perdu, il y a quelques années, une partie des jeunes bêtes de leurs troupeaux par les suites de cette maladie.

La gale des moutons tient quelquefois à une mauvaise nourriture : plus souvent à la paresse du berger. Du soufre, mêlé avec de l'essence de térébenthine, forme un onguent dont on peut user pour la faire passer : on emploie aussi quelquefois tout simplement de l'essence de térébenthine, dont on verse quelques gouttes sur les boutons en ouvrant la laine.

La besogne, que beaucoup de

bergers appellent le fourchet , et
que les Anglais nomment la pourri-
ture des pieds , est encore une maladie très - cruelle. M. Ch. Pictet ,
qui le premier l'a indiquée dans ses
ouvrages , la suppose aussi redoutable que le claveau. Elle n'est peut-
être pas sans rapport avec le panaris
des hommes. Elle se manifeste par
une inflammation entre les onglets
ou entre ceux-ci et la chair : bientôt
la suppuration s'y établit ; elle dé-
chausse les onglets et carie même
à la longue les os des pieds L'animal , à proportion des progrès du
mal , boîte , mange sans se lever ,
tombe dans le marasme , prend la
fièvre et périt. Les terres glaiseuses ,
qui s'attachent et se durcissent dans
les pieds des moutons , peuvent
faire naître cette maladie , et le

pus

pus qui tombe ensuite sur les litières la fait se propager. Plusieurs fois elle a voulu attaquer notre troupeau : nous en avons toujours arrêté le cours en pressant un peu la plaie pour en extraire le pus, et en la trempant ensuite pendant dix ou douze minutes, et cela deux ou trois fois le jour, dans de bon vinaigre un peu tiède ou mêlé dun peu d'eau chaude. Lorsque le mal a fait des progrès, il faut employer, après avoir nettoyé la plaie jusqu'au vif, de plus violens caustiques, tels que l'eau forte.

Dans l'hiver, les brebis doivent toujours être dans une bergerie séparée, ainsi que les agneaux et les antenets, et nourris avec des racines, de bons regains et des pailles à discrétion. Quant aux moutons, s'il vient peu d'hiver , des racines et des pailles fourrageuses , principalement celle d'avoine, peuvent très-bien les entretenir ; mais l'hiver devient-il rigoureux , il faut encore avoir recours aux préceptes que Virgile donne pour la chèvre.

» Soigne-la donc au moins durant les froids
      hivers ,
» Et tiens sa maison chaude et tes greniers
      ouverts.

VIRG. GÉORG. Tr. de Delille.

Néanmoins qu'il y ait toujours un courant d'air dans vos bergeries , et que les plafonds en soient bien crépis , afin qu'aucune ordure n'entre dans les toisons.

Achetez-vous des moutons? tirez-les toujours d'un lieu où l'herbage soit plus maigre que dans le vôtre , autrement vous les verriez bientôt dépérir. Tenez toujours plutôt à une race moyenne, bien étoffée, qu'à toute autre espèce, et diminuez la race à proportion de la médiocrité de votre terrein. Choisissez toujours un bélier dont la laine soit très-tassée, et qui en soit bien garni jusqu'aux pattes et dessous la poitrine.

On connoît l'âge des moutons par la dent. A un an ils perdent les deux dents de devant ; à deux ans les deux voisines des premières, et à trois ans elles sont toutes remplacées, égales et assez blanches ; mais à mesure que l'animal vieillit, elles noircissent, deviennent inégales et tombent ordinairement vers neuf à dix ans. On en voit se maintenir jusqu'à douze, quinze et dix-huit ans, et quelquefois pas au-delà de six à sept, et sur-tout lorsqu'on leur fait paître des plantes très - dures , telles que les bruyères. Les bêtes à laine privées de leurs dents se nourrissent mal , et c'est le dernier terme de leur embonpoint.

Les brebis entrent en chaleur pour l'ordinaire vers les mois de septembre et d'octobre , et elles portent cinq mois. A dix-huit mois on peut les faire couvrir , et beaucoup mieux un an plus tard. A leur première portée , il faut y bien veiller , parce qu'elles sont sujettes à délaisser leurs agneaux au moment de la naissance.

Aux premiers beaux jours du printemps , et par une douce température , on fait , pour avoir des moutons, châtrer les agneaux mâles, et même dans quelques cantons les femelles dont on n'a pas besoin pour la remonte du troupeau. Un coup d'air qu'ils recevroient à la suite de l'opération pourroit leur causer la mort. Pour éviter cet accident, on tient les mâles renfermés pendant trois ou quatre jours, et les femelles un peu plus de temps.

CHAPITRE XI.

Produit d'une Ferme de deux charrues sous le rapport des assolemens triennal et sixternal. — Dépenses pour les bestiaux comparées avec les produits qu'on en peut retirer.

———

Deux charrues, dans les terres à froment telles que nous les avons supposées en traitant des assolemens, exigent soixante hectares. Il seroit difficile, quand on veut bien exécuter tous les travaux et donner les façons convenables, d'en cultiver un plus grand nombre.

ASSOLEMENT TRIENNAL.

$$\text{hect.}$$

$$1.^{re}\text{ sole.} \left\{ \begin{array}{l} \text{En blé.}\ldots\ldots\ldots\ldots\ldots 18 \\ \text{En luzerne.}\ldots\ldots\ldots\ldots 2 \end{array} \right\} 20$$

Ci-contre..... 20 h.

2.ᵉ sole. { En avoine ....18 } 20
          { En luzerne ....2 }

3.ᵉ sole. ⎰ En trèfle..............6 ⎱
          ⎱ En plantes légumineuses ⎰
          ⎱   ou oléifères , etc.....6 ⎰ 20
          ⎱ En plantes à enfouir ou à ⎰
          ⎱   consommer au vert..6 ⎰
          ⎱ En luzerne............2 ⎰

TOTAL.... 60 h.

Récolte présumée.

Dix-huit hectares en blé donneront, l'un portant l'autre, après la dessication parfaite , chacun sept cents gerbes du poids d'environ neuf kilogrammes. Après le battage , chaque gerbe offrira quatre à cinq kilogrammes de paille, trois à quatre kilogrammes de blé , et un kilogramme tant de déchet que de petites pailles sorties des balles ; or sept cents gerbes produiront environ six cents bottes de paille du poids de cinq à six kilogrammes et au moins deux mille cent kilogrammes de froment. Ce qui , à soixante-quinze kilogrammes par hecto-

litre, fait vingt-huit hectolitres; par conséquent, pour les dix-huit hectares :
hectolitres de grains. 504
bottes de paille. 10800

Dix-huit hectares en avoine donneront chacun, l'un portant l'autre, si la terre est de bonne qualité pour être soumise à l'assolement triennal, quatre cents gerbes du poids de huit à neuf kilogrammes. Après le battage et le déchet, ou aura au moins trois kilogrammes à trois kilogrammes et demi de grain et quatre à cinq kilogrammes de paille ou au moins trois quarts de botte par gerbe; or quatre cents gerbes produiront trois cents bottes de paille et quatorze cents kilogrammes de grains ; ce qui, à quarante kilogrammes par hectolitre, fait trente-cinq hectolitres; par conséquent, pour les dix-huit hectares : hectolitres de grain. 630
bottes de paille. 5400

La troisième sole offre six hectares en trèfle ; en supposant que deux soient consommés en pacage, il en reste quatre pour la fanaison, à chacun, pour deux coupes, mille bottes du poids de six kilogrammes ; ce qui fait un total de....bottes....4000

La seconde division de la troisième sole offre six hectares en plantes légumineuses ou oléifères ; à chacun quinze hectolitres ou un volume de racines qui en tiendront lieu : total de. . . . . hectolitres. 90

Les trois soles offrent six hectares en luzerne ; à chacun mille bottes pour deux coupes , en supposant la troisième pour le pacage , font : bottes. 6000

Déboursé.

fr.

Gages de deux charretiers nourris à la
   ferme.. . . . . .45o
Gages d'une servante. 15o
Gages du berger , sans 15 hect. de blé
   de seconde qualité pour sa nourriture et celle de ses chiens. 25o
Terrasses et fumier à répandre.. . . . ..15o
200 journées de femmes pour binages ,
   nettoyement de grains, fanaison, etc. 15o
Fauchaison de 20 hect. de prairies. . . 120
10,000 bottes de fourrage à lier. 80
18 hectares de blé et autant d'avoine
   à scier , à 3o fr. la coupe. 54o
──────────

189o f.

De l'autre part.... 1890 f.

Battage de {
504 hect. de froment
à 80 c............403
738 hectolitres d'avoine
à 30 c...........221 } 696
90 hectares de plantes
diverses à 80 c. ...72
}

Ferremens des chevaux et des instru-
   mens aratoires....................240
Charronnage. 140
Sellerie et cordages. 120
Renouvellement de chevaux.........300
Epiceries , viande de boucherie , frais
   de voyage.......................700
Impositions , à 12 fr. par hectare.. ..720
                              —————
                     TOTAL.... 4806 f.

*Montant de la vente de la récolte ,
après avoir prélevé la consommation de la ferme.*

Froment pour le berger , 15 hect. ; pour
le pain de la maison , 45 ; pour la semence ,
40 : total 100 : or , sur 504 de la récolte , il
en restera donc 404 à vendre , à 20 fr. 8080 f.

Ci-contre.....8080 f.

Avoine pour 6 chevaux, 160 hect. environ; pour semence, 40: total, 200; or, sur 630 de la récolte, il en restera donc à vendre 430 à 7 fr............3010

Sur 10,000 bottes de fourrage, les chevaux en consommeront 4,500 environ; les divers troupeaux 3,500; il en restera donc à vendre 2,000 à 20 f. le cent............................... 400

Sur 16,000 bottes de paille récoltée, 14,200 environ seront consommées dans la ferme, comme nous allons bientôt l'expliquer : or il en restera à vendre 2,000 à 15 fr. le cent...... 300

Sur 90 hect. de graines huileuses et légumineuses, 40 seront consommés dans la ferme en graines ou en cosses et pour la semence; il en restera donc à vendre 50 à 20 fr........1000

Le troupeau, à la fin du parcage, offrira une quarantaine de moutons vieux ou de rebut, à vendre à 12 f. 50 c. 500

____

13,290 f.

De l'autre part....13,290 f.

Pour l'hivernage il restera 200 bêtes au moins, qui offriront 200 toisons ; en les supposant métisses, elles pourront valoir dans le bas prix actuel des laines.............1690

____

TOTAL...14,890 f.

Enfin, après avoir prélevé nos dé-penses de.......................4,806

____

Il nous reste de produit net. ...10,824

____

Ce qui donne par hectare environ. 167 f.

ASSOLEMENT SIXTERNAL.

hectares.

1.re sole { 9 en plantes oléagineuses.
              { 1 en luzerne.

2.e   { 9 en blé.
              { 1 en luzerne.

3.e   { 9 en bisaille.
              { 1 en luzerne.

4.e   { 9 en blé marsais, avoine, seigle,
              {   orge ou scourgeon.
              { 1 en luzerne.

____

40

5.^e

Ci-contre 40 hectares.

5.ᵉ   { 9 en trèfle.
        { 1 en luzerne.

6.ᵉ   { 9 en blé.
        { 1 en luzerne.

————————

TOTAL....60 hectares.

Les avoines, les orges, les seigles, les blés marsais, dans cette supposition, viendront très-forts, et vaudront au moins les deux tiers des blés hivernaux. Ainsi, comme neuf vaudront six, nous allons compter 24 hectares en blé qui donneront, suivant notre estimation ci-dessus.

Hectolitres de grain............. 632 f.

Bottes de paille.................14400

9 hectares en plantes oléagineuses à 15 hectolitres de graines...hectol.   135

9 hectares en bisailles, en supposant que trois soient consommés en pacage ou en fourrage sec, les autres à 15 hectolitres de grains ou du fourrage qui en tiendra lieu, donneront hectolitres de grains..............   90

9 hectares en trèfle, en supposant que quatre soient consommés en pa-

cage, parce qu'il n'y a pas autant d'autres objets que dans l'assolement triennal à consommer en vert, reste cinq qui produiront ....bottes.... 5000

Toutes les soles offrent six hectares en luzerne qui donneront comme à l'assolement triennal....bottes 6000

Montant de la vente après avoir prélevé la consommation de la ferme.

Froment, ou seigle, orge, etc. pour le berger et le pain de la maison, hectolitres 60 ; pour la semence , 60 ; pour la nourriture des chevaux, 80 ou de l'avoine pour l'équivalent ; total , 200 : or , sur 672 de la récolte , il en restera donc 472 à vendre à 20 f... 9440 f.

Excédent de foin et de paille pour environ................................ 700

Sur 135 hectolitres de graines huileuses , 120 au moins resteront à vendre à 20 fr. 2400

Sur 90 hecto. de grains légumineux, 60 pourront rester à vendre à 15 f... 900

13440

Ci-contre........13440 f.

Le troupeau, comme dans l'assolement triennal, pourra produire an-
nuellement.......................2100
                              ____

                                15540

Otant la dépense de..... 4806
                              ____

Reste..... 10,734 f.

Ce qui donne par hectare environ 179 fr., produit qui diffère peu
de celui de l'assolement triennal.

Quant à mes estimations sur les
récoltes, les personnes versées dans
l'agriculture conviendront que je
les ai portées, dans l'un et l'autre
assolement, au plus foible taux. La
grainaison est souvent plus forte, et
je connois beaucoup de fermes où
l'on n'a jamais moins de 800 gerbes
de blé par hectare; ce qui fait encore cent gerbes au-delà de ma supposition. Le pavot, les colza, les lins,

les plantes tinctoriales , etc. sont aussi très-souvent d'un tout autre produit que celui de ma supposition; mais ce sont des objets qui varient, et qu'on ne peut pas toujours apprécier à la valeur qu'un habile cultivateur en sait toujours obtenir de temps à autre. Nous n'avons entendu au reste que donner un simple aperçu des produits de l'agriculture, qui dépendent toujours trop des talens de celui qui cultive la terre , pour être appréciés rigoureusement.

Comment sans bestiaux pouvoir se procurer assez d'engrais? et comment pouvoir exécuter ses travaux en temps favorable ? Il seroit donc toujours très-difficile que le fermier pût s'en passer. Néanmoins il ne peut être indifférent de savoir si les

denrées que les bêtes domestiques
consomment, et les autres dépenses
qu'elles entraînent, ne s'élèvent pas
au-delà de leur produit.

Il faudra, pour six chevaux, dé-
penser :

160 hectolitres d'avoine, à 7 fr..... 1120 f.
4200 bottes de paille, à 15 fr. le cent. 630
4500 bottes de foin, à 20 fr. le cent.. 900
Gages et nourriture de deux charre-
    tiers pour les conduire...........1000
Ferremens, sellerie et charronnage.. 500
Renouvellement annuel des chevaux. 300

                TOTAL...... 4450 f.

Produit de cette dépense.

27 hectares de céréales à deux la-
    bours, y compris les hersages....1350
18 hectares en plantes oléagineuses et
    légumineuses.......1............ 900
100 charretées environ de fumier, ré-
    sidu de la consommation des pailles

                            2250

                24..

De l'autre part...2250

et des menus, etc. (*)........... 600
Transport aux champs de 360 voies
   de fumier à 2 fr. 720
Le tiers de cette somme pour les
   amendemens................... 240
Pour la rentrée des récoltes, 350 voi-
   tures à 2 fr..................... 700
————————
TOTAL.....4510 f.

Or le produit excède la dépense de 60 fr.

200 moutons, brebis, etc. cou-
chant à la bergerie pendant environ
200 jours, à deux livres de paille
chacun, l'un portant l'autre, en
consommeront environ 8000 bottes
à 150 fr.........................1200
50 brebis consommeront 5 bottes
de fourrage pendant les cent jours les
moins rigoureux, et 10 bottes pen-

(*) On appelle menus, les épis et les brins de
paille rompus sous le fléau dont on fait de petites
bottes particulières qu'on a l'habitude dans les
fermes de mettre le soir dans les râteliers des
chevaux pour hors-d'œuvre.

Ci-contre......1200

dant les cent autres ; total pour l'hiver , 1,500 , à 20 fr. le cent...... 300

40 antenets environ en consommeront 1000................ 200

Les jeunes agneaux 500.......... 100

100 moutons environ en consommeront 10 bottes par jour pendant les cent jours les plus rigoureux........ 200

——————

2000

Supposons la moitié seulement de cette somme pour les racines et pour les objets de pacage pendant l'été , attendu que , depuis le mois d'août jusqu'à la fin du parcage , le troupeau vit dans les chaumes , ci..........1000

Nourriture et gages du berger.... 520

Entretien annuel des claies........ 50

——————

TOTAL...... 3570 f.

——————

Produit de cette dépense.

Vente annuelle des moutons et des laines , *voyez* pag. 276...........2100

12 hect. au moins de parcage à 80 fr.. 720

180 voies de fumier environ à 6 fr. ...1080

——————

TOTAL...... 3900 f.

Or le produit excède encore la dépense de 33o fr.

Le produit des vaches, comme nous l'avons dit, dépend de la position où l'on se trouve ; ainsi nous n'en parlerons pas. Nous dirons seulement que les trois, que nous supposons dans la ferme pour l'usage de la maison avec les porcs, pourront consommer encore deux milliers de paille qui nous donneront une quarantaine de voies de fumier : ce qui complétera environ 3oo voies, pouvant, comme nous l'avons dit en traitant des engrais, fumer environ quatorze à quinze hectares de terres, et par conséquent le quart de nos terres labourables toutes les années, c'est - à - dire dans l'assolement sixternal, les plantes oléagineuses et la moitié du froment qui suit les plantes légumineuses,

ou les plantes légumineuses elles-
mêmes ; ce qui est très - convenable quand on a du parcage pour
le reste.

FIN.

TABLE.

ERRATA.

Page 4, *ligne* 6, de former les, *lisez* : de former une des.

Pag. 6, *lig.* 15, la main les, *lis.* ta main le.

Page 15, *ligne* 6, causé la ruine totale de
la dynastie des Capétiens et d'un grand,
lisez : menacé d'une ruine totale la dynastie des Capétiens et de grand.

Page 48, *ligne* 16, s'y maintenir, *ajoutez* :
et les plantes s'enraciner.

Page 66, *ligne* 19, jang-sues, *lis.* sang-sues.

Page 78, *ligne* 15, très-essentielles, *lisez* :
très-utiles.

Page 84, *ligne* 20, sa décomposition, *lisez* :
leur décomposition.

Page 91, *lig.* 18, suivre votre assolement,
ajoutez : et maintenir vos terres en bon
état.

Page 128, *lig.* 12, semer le grain, *ajoutez* :
sans nouveau labour.

Page 130, *lig.* 18, semé d'hiver, *lisez* :
fumé d'hiver.

Page 145, *lig.* 20, la capitale, *lisez* : Paris.

Page 240, *lig.* 15, au moins ceux de votre
usage, *lisez* : même pour votre usage.

www.ingramcontent.com/pod-product-compliance
Lightning Source LLC
LaVergne TN
LVHW010938180726
843502LV00004B/1007